# *Stadt, Land, Fluss – und mehr*

TITELFOTO: CHRISTIAN EILERS

Wann gibt es die nächste Bahn-KLASSIK? Diese Frage stellten uns viele von Ihnen, liebe Leserinnen und Leser in den vergangenen anderthalb Jahren. Nun liegt sie vor Ihnen, die Ausgabe Nr. 4 dieser Reihe. Und wie schon bei Nummer 1 geht es diesmal wieder um Zeitreisen an Sehnsuchtsorte aus großen Bundesbahn-Zeiten. Angefangen von einer Fahrt mit dem Schienen-Straßen-Omnibus ins beschaulich-ländliche Zwiesel im Bayerischen Wald in den frühen 1950er Jahren bis hin zum sehr gegenteilig anmutenden Metropolen-Ausflug ins modernistische Frankfurt am Main im Jahre 1987 entführen Sie verschiedene Autoren mit ihren authentischen Texten und außergewöhnlichen Fotos diesmal an 13 charakteristische Sehnsuchtsorte der Bundesbahn-Zeit. Darunter sind regelrechte Pilgerorte von fotografierenden Eisenbahnfreunden wie Etzelwang mit seiner berühmten Steige, die Angertalbahn mit dem bis heute andauernden schweren Güterzugverkehr, der hier noch in den 80er Jahren auch von Legenden wie der V 200 bewältigt wurde, oder das idyllische Balduinstein im schönen Lahntal, wo einst unter anderem die Akku-„Zigarren“ der Baureihe 517 am Fluss entlang surrten, und Herzberg im Harz, wo es noch Mitte der 1970er Jahre dampfte (Titelbild). Dazu kommt noch der eine oder andere Ort, der heute kaum noch mit der Eisenbahn in Verbindung gebracht wird – oder sagt Ihnen Zeilhard sehr viel? Von der Stadt übers Land und entlang von Flüssen bis zu abgelegenen Flecken ist also große Vielfalt geboten. Bahn-KLASSIK Nr. 4 hat wie die bisherigen Ausgaben 100 Seiten Umfang, ist großzügig gestaltet und bebildert und erscheint ab dieser Ausgabe sogar in einem noch etwas größeren Heftformat. Bleibt nur noch, Ihnen viel Vergnügen bei der Lektüre zu wünschen!

*Gerhard Zimmermann, Chefredakteur Bahn-KLASSIK*

# INHALT

6

20

36

54

66

# ZWIESEL 1954

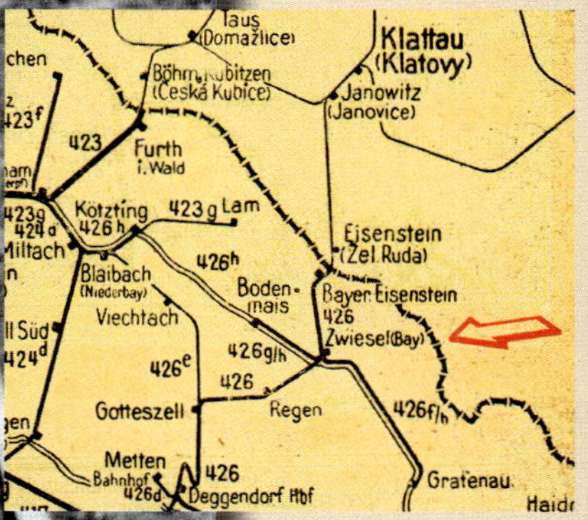


Sommer 1954 im Bahnhof Zwiesel: Soeben ist der „Schi-Stra-Bus" aus Cham angekommen und entlässt eine illustre Schar Reisender.
FOTO: SAMMLUNG ZEITLER/ARCHIV EJ

Nachmittags-Treffen: Zwei 64er mit Zügen nach Bayerisch-Eisenstein (links) und Landshut kreuzen sich in Zwiesel (Mai 1954).

Ein sommerlich warmer Tag im Jahr 1954, hoch steht die Sonne über dem weiten, von den Bergen des Hinteren Bayerischen Waldes umrahmten Tal. Ein uns unbekannter Fotograf lichtet im Bahnhof Zwiesel (Bay) den auf Gleis 3 soeben aus Cham eingetroffenen T 3074 ab – und schafft damit ein atmosphärisch dichtes Bilddokument.

Recht luftig gekleidete Reisende entsteigen dem im Kursbuch damals als „T“ für Triebwagen verzeichneten „Schi-Stra-Bus“. Das gelingt der modisch schick angezogenen Dame an der vorderen Tür auf nicht eben sportliche Weise, worüber sie sich selber zu amüsieren scheint. Der T 3074 wird nach dem eine aufwändige Prozedur erfordernden Richtungswechsel seine Fahrt mit Ziel Passau fortsetzen. Sicher wollen einige der ausgestiegenen Fahrgäste noch weiter als bis Zwiesel. Manche holen sich vielleicht am Bahnhofskiosk eine erfrischende Bluna-Limo oder Afri-Cola – oder genehmigen sich einen hochprozentigen „Bärwurz“. Auch bietet der rund zwanzigminütige Aufenthalt die Gelegenheit, ein „stilles Örtchen“ aufzusuchen, das es im „Schi-Stra-Bus“ nicht gibt. Bis zum Empfangsgebäude sind's ja nur wenige Meter über das Gleis 2 rechts im Bild und das darauf nicht sichtbare Gleis 1 am Hausbahnsteig. Zu erkennen ist rechts hinten der einständige Lokschuppen im nördlichen Bahnhofsbereich.

Bei dem „Schi-Stra-Bus“ handelt es sich um einen von den Nordwestdeutschen Fahrzeugwerken (NWF) in Wilhelmshaven vor der eigentlichen Serie gebauten Zwischentyp. Dessen markante Heckflosse hat der Fotograf zwar nicht mit ins Bild gerückt, doch verrät es die Form der Heckfenster, der Verlauf der Zierlinien und die besondere Teilung der Seitenfenster, von denen nur jedes zweite obere Schiebefenster hat.

Mit den drei Exemplaren des Zwischentyps führte die DB am 8. Juni 1953 auf der Route Cham – Passau den ersten planmäßigen Verkehr mit Straßen-Schienen-Omnibussen ein; so hießen die Zweiwegefahrzeuge entgegen der andersrum lautenden Abkürzung „Schi-Stra-Bus“ offiziell. Auf der insgesamt 142,7 Kilometer langen Linie wurden die Abschnitte Cham – Kötzting (22,4 Kilometer) und Bodenmais – Zwiesel – Grafenau (46,1 Kilometer) auf Schienen zurückgelegt. Zwischen Kötzting und Bodenmais (26 Kilometer) sowie Grafenau und Passau (48,2 Kilometer) ging es auf der Straße voran. Die Gesamtfahrzeit betrug etwa fünfeinhalb Stunden. Für das Aufsetzen der Busse auf die vorderen und hinteren Spurgestelle bzw. das Absetzen von selbigen waren anfangs sieben- bis zehnminütige Unterwegshalte vorgesehen, später verkürzte man diese Zeiten auf minimal fünf Minuten.

In Zwiesel wurde wie schon erwähnt die Fahrtrichtung gewechselt. Das erforderte mangels Drehscheibe ein zweimaliges Umsetzen der Busse, erst von den Schienen auf Straßenland und nach dem Wendemanöver wieder auf die Schienen. Vor allem deshalb dauerte der Aufenthalt in Zwiesel anfangs bis zu 27 Minuten, später nur noch um die 15 Minuten und zum Schluss bei der auf eine Gesamtdauer von fünf Stunden und acht Minuten verkürzten Fahrt Cham – Passau lediglich zehn Minuten. Am 28. Januar 1957 endete der Einsatz der „Schi-Stra-Busse" im Bayerischen Wald.

## Bilder eines Altmeisters

Von Gottfried Turnwald, dem am 15. April 2014 im 92. Lebensjahr verstorbenen Altmeister der Eisenbahnfotografie, stammt die im Mai 1954 entstandene Aufnahme, die das rege Betriebsgeschehen im Bahnhof Zwiesel eindrucksvoll dokumentiert. Um drei viertel vier am Nachmittag begegnen sich der P 1959 nach Bayerisch Eisenstein (linke Bildhälfte) und der P 1960 nach Landshut, beide mit 64ern bespannt. In der illustren Garnitur des P 1960 läuft hinter den zwei- oder dreiachsigen Abteilwagen offenbar eine „Donnerbüchse", dem zweiachsigen Packwagen folgt am Zugschluss ein Vierachser. Nahe am Güterschuppen

*Aufnahmen des im April 2014 verstorbenen Altmeisters der Eisenbahnfotografie, Gottfried Turnwald, dokumentieren zum einen das rege Betriebsgeschehen im Bahnhof Zwiesel Mitte der 50er und belegen zudem den Einsatz des VT 70.0 auf Strecken im Bayerwald*

ist der kurz zuvor eingetroffene „Schi-Stra-Bus" aus Passau zu sehen. Auf den Nebengleisen fällt ein kurzer Personenwagen mit Oberlichtern auf, wohl einer preußischer Bauart aus der Zeit vor 1900, der nun noch in Arbeitszügen Verwendung gefunden hat. Bei Inbetriebnahme der Strecke Plattling – Eisenstein im Jahr 1877 hatte der Bahnhof Zwiesel nur ein Durchgangsgleis und zwei Ausweichgleise. Bereits die 1890 eröffnete Nebenbahn nach Grafenau erforderte zusätzliche Gleise. Weitere kamen mit dem Bau der 1928 eröffneten Nebenbahn nach Bodenmais hinzu, mithin mauserte sich Zwiesel zum Eisenbahnknoten. Da auch in Grafenau und Bodenmais Lokstationen respektive zur Reichsbahnzeit sogenannte Lokbahnhöfe eingerichtet wurden, blieben die Anlagen zur Behandlung der Lokomotiven in Zwiesel bescheiden. Ein einständiger Schuppen und ein Bockdrehkran mit Kohlehunten genügten. Die DB bezeichnete Lokbahnhöfe ab 1952 offiziell als Bw-Außenstellen; mindestens jene

**Rund um Zwiesel: Noch herrschte Lokalbahn-Herrlichkeit, als 1954 auf dem etwa zwei Kilometer vom Bahnhof Zwiesel entfernten Michelsbach-Viadukt das aus Bodenmais kommende Züglein mit 64er fotografiert wurde.** FOTOS: GOTTFRIED TURNWALD (2)

in Grafenau und Bodenmais fungierten noch etliche Jahre als Außenstellen des Bw Plattling. Auch in Zwiesel wurden, ob noch als „Bw-Ast“ eingestuft oder nicht, weiterhin Lokomotiven behandelt.
Peter Konzelmann hat noch im August 1957 das Glück, die 70 076 beim Bekohlen in Zwiesel zu „erwischen“. Plattlinger Pt 2/3 dampften seit den 1930er Jahren auf den Lokalbahnen nach Grafenau und Bodenmais. Mitte der Fünfziger setzte die Bw-Außenstelle Bodenmais planmäßig eine Pt 2/3 auf beiden Strecken ein. Den Großteil des Personenverkehrs bestritten hier jedoch nun Plattlinger Schienenbusse. Zunächst waren es VT 95, spätestens 1965 wurden diese vollends von VT 98 abgelöst. Allerdings brummten bereits vor der Schienenbus-Ära auf beiden Strecken Triebwagen.

## Triebwagen-Rätselraten

Auf den Nebenbahnen im Bayerischen Wald sowie in der Oberpfalz liefen bekanntermaßen schon zur Reichsbahnzeit zweiachsige VT 135, bei der DB als VT 70.0, VT 70.5, VT 70.9 und VT 75.9 eingereiht. In den 1950er Jahren befuhren jedenfalls Passauer VT 70.0 und Plattlinger VT 75.9 Strecken im Bayerwald, wohl beide Typen auch die Nebenbahnen ab Zwiesel. Auf den Einsatz des VT 70.0 deutet das Foto von Gottfried Turnwald hin, das den jetzt nach Bayerisch Eisenstein abfahrenden P 1959 zeigt und nebenbei am linken Bildrand angeschnitten einen als VT 70.0 zu identifizierenden Triebwagen. Turnwalds ebenfalls im Mai 1954 entstandenes Foto mit der Zwieseler Stadtpfarrkirche St. Nikolaus im Hintergrund zeigt anscheinend auch ei-

**Beweisfoto: Die Aufnahme des nach der Zugkreuzung (siehe Bild Seite xx) nun nach Bayerisch Eisenstein abfahrenden P 1959 zeigt ganz links einen VT 70.0 und belegt dessen Einsatz im Bayerwald.**

**Rätselfoto: Während am Kohlebansen zweifelsfrei eine 64er schmaucht, handelt es sich bei dem Zweiachser daneben nicht um einen VT 70.0, sondern eventuell um einen VB 140 – fotografiert ebenfalls im Mai 1954.**
FOTOS: GOTTFRIED TURNWALD (2)

Letzte Dienste: Bald nach der Aufnahme der 86 351 mit Güterzug nach Grafenau in Zwiesel musste diese Baureihe den V 100 weichen.
FOTO: HELGE HUFSCHLÄGER

nen VT 70.0. Doch bei genauerem Hinsehen erkennt man an den jeweils ganz am Ende des Chassis befindlichen Eingangstüren, dass es kein solcher Triebwagen ist. Es könnte sich um einen ursprünglich für die VT 717 bis 722 (Lieferjahr 1932) bestimmten Beiwagen VB 140 handeln. Zwar wurden die noch in VT 78.9 und 79.9 umgezeichneten Triebwagen schon bis 1953 ausgemustert, aber die VB 140 waren ja mit diversen VT-Baureihen kompatibel, sicher auch mit den VT 70.0. Abgesehen von dem mutmaßlichen Beiwagen, gibt das Bild keine Rätsel auf: Die bayerischen Signale (hiervon das vordere klar erkennbar in Ruhe-Halt-Stellung) sichern Ausfahrten Richtung Bayerisch Eisenstein, am Kohlebansen schmaucht eine 64er vor sich hin, die Rungenwagen stehen an der Ladestraße im nördlichen Bahnhofsbereich.
Das Bw Plattling erhält nach zwei bereits 1952 zugeteilten Schienenbussen im Dezem-ber 1953 einen dritten VT 95, dem im Herbst 1954 drei weitere folgen. Damit wird der Schienenbus-Einsatz im Bayerischen Wald deutlich ausgeweitet, vor allem auf die Nebenbahnen von Zwiesel nach Bodenmais und Grafenau sowie die Strecke Deggendorf – Kalteneck.
Weitaus wichtiger für die um ein modernes Image bemühte Bundesbahn sind die 1954 endabgenommenen und dem Bw Frankfurt-Griesheim übergebenen V 200 001 bis 005. Zumindest modern wirken die ab 1954 serienmäßig auf Basis alter Lenkachswagen entstehenden 3yg-Umbauwagen, eine Komfortverbesserung im Nahverkehr bringen sie auf jeden Fall. In die Jahreschronik der DB geht auch das im Mai definitv festgelegte Typenprogramm für die neuen Einheits-Elloks ein.

## Im Jahr der Weltmeister

In den Weltnachrichten wird die Nie-derlage Frankreichs in der Schlacht um Dien Bien Phu vermeldet, womit der Indochina-Krieg endet. Aber mit dem Algerien-Krieg beginnt ein neuer Krieg gegen die französische Kolonialmacht. Die Unterzeichnung der Pariser Verträge ebnet den Weg zur deutschen Wiederbewaffnung und für den 1955 erfolgten Beitritt der Bundesrepublik zur NATO. Respekt im Ausland verschafft sich nicht bloß die bundesdeutsche Fußballmannschaft, sondern die ganze Nation mit dem durch das 3:2 gegen Un-

Spätes Foto-Glück: Im August 1957 noch eine Pt 2/3 beim Bekohlen in Zwiesel zu „erwischen" – hier die 70 076 – dürfte den Fotografen gefreut haben. Denn schon hatten großteils Schienenbusse deren Personenzugleistungen übernommen.
FOTO: PETER KONZELMANN

Ausgekohlt: Nach dem Dampf-Aus im Bayerwald am 6. März 1974 waren die Behandlungsanlagen in Zwiesel überflüssig. Kurz danach war der Kohlebansen schon leer. FOTO: DR. LUTZ MÜNZER

garn errungenen WM-Titel. Vergessen ist die in der Vorrunde durch das 3:8 gegen den gleichen Gegner erlittene Schmach, übrigens in der ewigen Liste der torreichsten WM-Spiele heute auf Platz 3 geführt. Den ersten Platz belegt die bei fast 40 Grad im Schatten in Lausanne ausgetragene Viertelfinal-Partie zwischen Österreich und der Schweiz, die die österreichische Elf trotz ihres schwer angeschlagenen Torwarts mit 7:5 gewinnt.
Von den deutschen Schlagern des Jahres 1954 ist bis heute bestenfalls Paulchen Kuhns „Der Mann am Klavier" im Ohr. Hingegen ertönt Bill Haleys internationaler Hit „Rock Around the Clock" auch 60 Jahre später aus der Jukebox – gewiss nicht nur in der Stammkneipe des Autors dieser Zeitreise. Und für Altherrenwitze gut ist immer noch der 1954 kreierte Werbeslogan „Bauknecht weiß, was Frauen wünschen".

## Schienenbusse kommen

Zurück zum Bahngeschehen im Bayerwald: Gottfried Turnwald begab sich im Mai 1954 ans etwa zwei Kilometer vom Bahnhof Zwiesel entfernte Michelsbach-Viadukt und lichtete das aus Bodenmais kommende Züglein mit 64er und bayerischen Lokalbahnwagen ab. Spätestens 1959 war's mit dieser Herrlichkeit vorbei. Von (Reisebüro-) Sonderzügen abgesehen, bestritten jetzt Schienenbusse den gesamten Personenverkehr, desgleichen auf der Strecke Zwiesel – Grafenau. Die Güterzüge wurden auf beiden Nebenbahnen mit 86ern bespannt, ein Zugpaar auf der Bodenmaiser und zwei Zugpaare auf der Grafenauer Strecke. Helge Hufschläger fotografierte am 15. Mai 1963 in Zwiesel die 86 351 mit dem abfahrbereiten Güterzug nach Grafenau. Bald danach mussten die 86er den V 100 weichen, sprangen auf der Strecke nach Grafenau aber immer wieder als V 100-Ersatz ein – dies noch Ende der 1960er Jahre.
Auf der „Waldbahn" Plattling – BayerischEisenstein dominierten bis 1963 die 64er den Eil- und Personenzugdienst. Mit Beginn des Sommerfahrplans 1963 machten ihnen dem Bw Plattling zugewiesene V 100.10 die Vorherrschaft streitig. Erst die ab Februar 1964 planmäßig eingesetzten leistungsstärkeren V 100.20 gewannen dauerhaft die Oberhand, verdrängten aber die 64er nicht komplett – und schon gar nicht die 50er. Diese kamen weiterhin mit Güterzügen und planmäßig mindestens einem Personenzug bis hinauf nach Bayerisch Eisenstein. Zu den Rückleistungen zählte noch 1968 der bis Plattling dampfgeführte E 680 Bayerisch Eisenstein – Regensburg, dessen Münchner Kurswagen in Plattling auf den E 646 übergingen, der bis Ende September 1968 (im Abschnitt bis Landshut) regulär von P 8 befördert wurde. Außerdem vertraute das Bw Plattling den 50ern auf der „Waldbahn" schwere Touristik-D-Züge an, so noch im Sommer 1973 dienstags das Zugpaar D 13481/13480 zwischen Plattling und Eisenstein – übrigens die letzte Planleistung der 50er auf der Gesamtstrecke. Bis zum Fahrplanwechsel Anfang Juni 1973 hatten sie den Endbahnhof mit einem Güterzug erreicht, zurück ging's mit dem N 2957. Regulär in Zwiesel wendeten die Dampfloks schon seit 1971 nicht mehr. Zuletzt blieben der Baureihe 050 – 053 auf der „Waldbahn" planmäßig nur noch Übergabedienste zwischen Plattling und Deggendorf. Zum „Abschied vom Dampf" im Bayerwald bespannte die 053 063 am 6. März 1974 die sonst von Dieselloks gefahrenen N 2964/2977 von Plattling nach Bayerisch Eisenstein und zurück. Die Anlagen zur Behandlung von Dampflokomtiven in Zwiesel waren nun endgültig überflüssig geworden. Als Dr. Lutz Münzer sie 1974 fotografierte, war der Kohlebansen leer.
Von 1980 bis 1987 lockten vor allem die im Turnusverkehr nach Bodenmais und Grafenau dieselnden Triebzüge der Baureihe 601 Eisenbahnfreunde an die „Waldbahn" und deren Äste. Speziell der Bahnhof Zwie-

**High noon im Bahnhof Zwiesel: Bis 1985 lockte das mittags gegen 13 Uhr stattfindende Treffen vierer Schienenbus-Garnituren als Fotomotiv. Am 1. Januar 1980 posierten die 798/998 bei herrlichem Winterwetter, eingesetzt (von links nach rechts) als N 7473 nach Plattling, N 8464 nach Bodenmais, N 7464 aus Plattling und N 8437 nach Grafenau.**
FOTO: GÜNTHER DILLIG

sel lockte bis 1985 mit dem gegen 13 Uhr stattfindenden Treffen vierer Schienenbus-Garnituren. Am 1. Januar 1980 posierten die 798/998 für Günther Dillig bei herrlichem Winterwetter (Bild oben).
Die „Zwieseler Spinne" hat entgegen dem jahrelangen Bangen um drei ihrer vier Beine überlebt. Im Auftrag der Bundesbahn übernahm die Regentalbahn 1993 den Personenverkehr auf den schon fast totgesagten Nebenbahnen Bodenmais und Grafenau, im Auftrag von DB Regio 1997 auch den auf der Strecke Plattling – Bayerisch Eisenstein (deren im Jahre 1985 zur Nebenbahn degradiertes Teilstück von Zwiesel bis zur Grenze ebenfalls stilllegungsgefährdet war). Seit Dezember 2013 führt die Länderbahn den Verkehr auf den „Waldbahn"-Linien durch. Güterzüge kommen längst nicht mehr bis Zwiesel. An den dortigen Stückgutumschlag erinnert der noch vorhandene Güterschuppen. Rückbau und Umgestaltung haben die Gleisanlagen stark verändert, was 60 Jahre nach dem Zieljahr unserer Zeitreise nicht näher zu beschreiben ist. Etwas Aktuelles aber doch noch: Im Mai 2014 hat die Länderbahn in Zwiesel eine neue Werkstatt für ihre RegioShuttles eröffnet. Hoch lebe die „Spinne"! ***Konrad Koschinski***

*Nach der Dampflokzeit lockte der Bahnhof dennoch mit Besonderheiten, wie dem mittäglichen Zusammentreffen von vier Schienenbus-Garnituren*

# GIESSEN 1963

Auf der Main-Weser-Bahn fährt die 23 020 mit dem Heckeneilzug E 452 nach Frankfurt aus, auf „Wetzlarer" Seite rangiert eine V 36.
FOTO: ARCHIV JAHR

23 020

Viele Eisenbahnfreunde haben etwas mit Vögeln gemein – sie schätzen die höhere Warte. Immer schön den Überblick behalten und ja nichts verpassen, schließlich ist man auf der Jagd. Besonders gilt dies für Orte, wo sich Schienenstränge zusammenballen und aus allen Richtungen jederzeit ein mehr oder minder begehrtes Eisenbahn-Objekt auftauchen könnte. Umgangssprachlich und ein wenig despektierlich werden solche erhöhten (Foto-)Standpunkte auch „Affenfelsen" genannt und sind in der Szene hinlänglich bekannt. Oft müssen es gar keine hohen Felsen oder Berge sein – eine Anhöhe, ein Hügel oder gar nur die Krone eines Einschnittes an der Strecke tun es oft auch schon. Und dann gibt es – natürlich! – noch die Straßenbrücken oder Wegüberführungen über die Bahn, die oftmals in beachtlicher Länge ganze Gleisvorfelder von Bahnhöfen überspannen, so wie beispielsweise in Saalfeld, Mannheim Rangierbahnhof oder in Gemünden am Main.
Oder in Gießen. Der Affenfelsen dort heißt „Klinikstraße", die das Lahnufer mit der Innenstadt verbindet und einen Panoramablick auf die Anlagen des Hauptbahnhofs erlaubt. Der Ausblick in Richtung Norden ist ein wenig begehrter als der nach Süden, weil dort direkt auf die Bahnsteige für die Züge der Main-Weser-Bahn, der Dillstrecke, der Vogelsbergbahn und der Lahntalbahn sowie auf das dazwischen liegende Empfangsgebäude geschaut werden kann. Der Blick Richtung Süden offenbart dagegen die großen Gleisanlagen zwischen Bahnbetriebswerk und Personenbahnhof, einschließlich Rangierbahnhof und Abstellgleisen. Man sollte sich allerdings fest entscheiden, auf welcher Straßenseite man zum Gucken und Fotografieren stehen bleibt, denn hektisches Umherspringen zwischen „Nord und Süd" je nach Zugbetrieb ist wegen des dichten Straßenverkehrs eher ungemütlich und würde – natürlich von einem jähen Hupkonzert begleitet – großes Unverständnis zahlreicher Lenker von benzin- oder dieselgetriebenen Motorfahrzeugen auslösen.

## Alles andere als gemütlich

All das galt auch schon 1963, als es dort trotz „guter alter Zeit" alles andere als gemütlich war. Im Rücken des Eisenbahnfotografen, der dort am Dienstagnachmittag des 20. August 1963 die kraftvoll ausfahrende 23 020 mit ihrem E 452 von Bremen nach Frankfurt am Main ablichtete (Bild rechte Seite), unterlag die laute Akustik des regen Straßenverkehrs nur kurz den Auspuffschlägen der Dampfmaschine: Dröhnende Lastwagen mit ihren lärmenden Motor-Schnauzen und holpernden Anhängern ließen Brücke und Fotograf erzittern, Kräder, Mopeds und dreirädrige Lieferwägelchen knatterten vorbei, dazwischen die Heckmotoren von Käfern und nagelnde Diesel von schwarzen Mercedes-Taxen. Wie sehr solch ein Bild doch täuschen kann: Unten fast schon Eisenbahn-Romantik, oben Großstadtlärm ohne Atempause. Aber die Jahreszahl 1963 verzeiht vieles – heute würde so mancher Eisenbahnnarr ein kleines Vermögen dafür ausgeben, sich an exakt gleiche Zeit und Stelle „beamen" zu lassen.
Allein schon dieser Wagenzug: E 452 von Bremen nach Frankfurt – ein Prachtexemplar und Musterbeispiel eines Heckeneilzuges! Mit rund zehn Stunden Laufzeit den ganzen Tag unterwegs, Bremen ab 6.37 Uhr, Frankfurt an 16.54 Uhr! Ein Bundesbahn-Abenteuer durch halb Deutschland, von der Freien Hansestadt durch niedersächsische Ebenen, durch Ostwestfalen, durchs östliche Sauerland und weiter durch das nordhessische Hügelland und die flache Wetterau bis in die Metropole der Rhein/Main-Region! Mit planmäßigem Unterwegshalt in Agglomerationen wie Sulingen, Lübbecke, Bünde, Bielefeld, Brackwede, Paderborn, Büren, Brilon Stadt, Willingen, Usseln, Korbach, Frankenberg, Marburg, Gießen, Friedberg! Oder in weiteren Zwischenstationen und Nestern wie Espelkamp-Mittwald, Holzhausen-Heddinghausen, Herzhausen und Wetter! Eine Fahrt fast von der Nordsee bis zum Main, mit Postwagen, Packwagen und damals natürlich durchgängig mit Dampf! Mit Lokwechseln von Baureihe 03 (ab Bremen) auf Baureihe 50 in Bielefeld und von Baureihe 50 auf Baureihe 23 (bis Frankfurt) in Marburg! Beim Gegenzug E 451 natürlich in umgekehrter Baureihen-Folge! Derlei Betriebsgeschichte und Reisekultur von einem aufmerksamen Mitreisenden niedergeschrie-

Mit dem Heckeneilzug E 575 von Trier nach Westerland fährt 01 019 am 8. Oktober 1966 in Gießen Hbf ein (oben). Am selben Tag warten an den Bahnsteigen die E 41 374 (in Sonderlakkierung) und die 55 4416 jeweils mit Personenzügen auf die Abfahrt (unten). Die beiden Neubaudampfloks 10 001 und 10 002 sowie die 44 469 warten im Bw Gießen auf neue Aufgaben (rechte Seite). FOTOS: ARCHIV JAHR (3)

ben hätte ein ganzes Buch füllen können – für jede Stunde Fahrt ein Kapitel!
Heute ein Fall für lauter Ausrufezeichen, anno 1963 kaum beachteter Alltag. Für den E 452 war mit der Abfahrt in Gießen die letzte Stunde seiner langen Reise angebrochen, das Ziel Frankfurt am Main eigentlich nur noch ein Katzensprung. Die vorgespannte 23 020 entstammt der zweiten Bauserie aus dem Jahre 1952 und befand sich zum Aufnahmezeitpunkt mitten in ihrer Stationierungszeit beim hiesigen Bahnbetriebswerk Gießen, wo sie seit dem 22. April 1958 beheimatet war und neun Jahre später am 13. April 1967 zum Bahnbetriebswerk Crailsheim umbeheimatet werden sollte. Unseren E 452 hat sie an diesem schönen Augusttag anno 1963 in Marburg von einer 50er übernommen und bis zum Prellbock im Frankfurter Hauptbahnhof gefahren. Ihr Wagenzug war sogar relativ modern, denn ab Sommerfahrplan 1963 ersetzten Mitteleinstiegs-Eilzugwagen der Gattung B4ymg52 auch bei diesem Heckeneilzugpaar E 451/452 die in den letzten Kriegsjahren gebauten Schürzeneilzugwagen. Auch der Postwagen gehört zur

*Wie sehr solch ein Bild doch täuschen kann: Unten fast Eisenbahnromantik, oben auf der Brücke Großstadtlärm und Autoverkehr – schon damals. Aber das Jahr 1963 verzeiht vieles – heute würde so mancherEisenbahnnarr ein kleines Vermögen dafür ausgeben, sich an exakt gleiche Zeit und Stelle „beamen“ zu lassen*

neueren Gattung Post4m26, am betagtesten erscheint hingegen noch der folgende Gepäckwagen der Gattung Mpw4yg. Ein Jahr später wurde der Wagenpark nebst dem Post- und Gepäckwagen bereits aus vier Silberlingen gebildet.
Und während die 23 020 eine halbe Minute nach dem Klicken des Kameraverschlusses an ihrem Heimat-Bw vorbeidampft und kraftvoll der Abzweigstelle Gießen-Bergwald zustrebt, hat der Straßenverkehr auf unserer Brücke leider wieder das akustische Regiment übernommen, denn vom Gießener Bahnhof her wird dadurch so manches schöne Eisenbahngeräusch übertönt: das Zurückfallen der Flügel an den Ausfahrsignalen, das Stellen von Weichen oder das ferne und sonore Brummen der V 36, die dort hinten rechts auf der „Lauterbacher“ und „Wetzlarer“ Seite steht – also dort, wo die Züge der Vogelsberg- und Lahntalbahn ankommen und abfahren und die V 36 wohl gerade im Rangierdienst eingesetzt ist. Diese ursprünglichen Wehrmachts-Diese loks waren mit V 36 413 vom Bahnbetriebswerk Friedberg erstmals seit Mai 1959 in Gießen stationiert, Mitte 1966

gab es dort fünf V 36 und im Mai 1976 wurden vier verbliebene Maschinen dieser Baureihe an das Bw Frankfurt (Main) 1 abgegeben.
Aber was erspähen wir in der linken unteren Ecke des Bildes? Entgegen dem großem Rest scheint die Eisenbahnwelt dort nicht mehr ganz so unberührt zu sein, denn die Sandhaufen und Kabeltrommeln künden von einem Strukturwandel, den alle älteren Eisenbahnfreunde mehr oder weniger schmerzlich erlebt haben: die Elektrifizierung! Zwei Jahre später sollte dort das ganze Bahnhofsareal mit Drähten überspannt sein, noch frische kupferfarbene „Strippen" und fette Isolatoren würden von hier oben das „Weichbild" von Bahnhof und Zug buchstäblich durchkreuzen. Nahezu zeitgleich mit der Elektrifizierung der Ruhr-Sieg- und Dillstrecke Hagen – Siegen – Wetzlar/Gießen wurde 1965 auch der elektrische Betrieb auf der Main-Weser-Bahn zwischen Frankfurt und Gießen aufgenommen, durchgehend bis Guntershausen/Kassel elektrisch befahrbar war die Strecke ab 20. März 1967. Was wir auf dem Foto aber natürlich nicht vermittelt bekommen, ist der Geruch dieser Szene: Klar, ein wenig riecht es schon nach Sommer und Wärme, aber der unablässige Kraftfahrzeugverkehr auf der Brücke ist stärker: Es stinkt! Man kann die Abgase aus den Auspuffen sogar sehen – dünne Fähnchen bei den Zweirädern und fette schwarze Wolken bei den sich quälenden Lastwagen.

## Reinstes „Narren-Parfüm"

Die Abgase und Rußpartikel aus der Esse der gerade unter uns vorbeifahrenden 23er rufen bei der damaligen Seltenheit von fotografierenden Eisenbahnfreunden natürlich ganz gegenteilige Empfindungen aus – reinstes „Narren-Parfüm", das tief eingesogen und vom Riechorgan goutiert wird. Brücken sind ja seit jeher für Kinder und andere Junggebliebene jene Orte, von denen aus man sich am besten in den Waschküchennebel und die qualmende Würze einer darunter fahrenden Dampflok implantieren kann. Auch hier in Gießen, aber jetzt ist der E 452 durch und die laute und stinkende Straßenbrücke beginnt doch zu nerven. Gehen wir mal runter zum Empfangsgebäude!

Es ist vier Uhr nachmittags an diesem ganz normalen Werktag und es herrscht erstaunlich wenig Publikumsverkehr, denn einerseits sind Sommerferien und andererseits wird noch bis mindestens 17.00 oder 18.00 Uhr gearbeitet. So stehen auch die schwarzen Taxen vor dem Empfangsgebäude einsam herum und wir können am Bahnhofskiosk in Ruhe die Schlagzeilen studieren, denn die haben in diesen Tagen auch mit der Eisenbahn zu tun: Immer noch echauffiert man sich in fast allen Blättern über den spektakulären Postzugraub im englischen Buckinghamshire vor rund zwei Wochen. Eine Bande, die aus 15 Mitgliedern bestand, hatte auf raffinierte Weise einen Postzug auf der Strecke Glasgow – London überfallen und sagenhafte 2,6 Millionen Pfund (ca. 50 Millionen Euro) erbeutet. Wo und wer waren die Täter? Übrigens wurde dieser Raub zwei Jahre später erstmals in Deutschland verfilmt. Der bekannte Dreiteiler hieß „Die Gentlemen bitten zur Kasse", Horst Tappert (1923 – 2008) spielte eine der Hauptrollen. Dagegen verblasste natürlich die Meldung, dass die Bundesrepublik Deutschland gestern (also

**Mit „Grün-Fassade", blütenreichem Hof und farblich passendem Hilfszugwagen daneben zeigt sich das Bw-Verwaltungsgebäude am 7. Juli 1985.**

**Rechte Seite: Rund 20 Jahre nach der 01 am Gleis 1 in Gießen: 213 332 mit „Kurzzug" (29. Mai 1983).**
FOTOS: JOACHIM SEYFERTH (2)

am 19. August 1963) dem am 5. August unterzeichneten Abkommen über das Verbot von Atomtests beitrat oder dass am kommenden Wochenende die neu geschaffene Fußball-Bundesliga ihren ersten Spieltag der Saison absolvierte. Irgendein Reisender im Bahnhof ließ ein Kofferradio dudeln und es war unüberhörbar, dass die Musikszene vom deutschen Schlager dominiert war: 19 von 20 Plätzen der August-Hitparade waren von deutschsprachigen Schlager-Interpreten besetzt, einzig Elvis Presley sang abgeschlagen auf Platz 17 vom „Devil in disguise", dem verkleideten Teufel. Platz 1 natürlich die Schlagersirene Gitte mit „Ich will 'nen Cowboy als Mann", auf Platz 5 die schmalzige Vollpackung „Zwei blaue Vergissmeinnicht" mit Rex Gildo und auf Platz 12 Gus Backus mit seinem geträllerten und etwas ominösen Statement „Mein Schimmel wartet im Himmel".

Wir hingegen warten nicht auf weiße Gäule, sondern auf weitere schwarze Lokomotiv-Herrlichkeiten mit deutlich mehr PS. Denn noch ist der Fahrdraht nicht gespannt, noch verbleiben uns gut zwei Jahre, um hier den allmählichen Ausklang der Dampflokzeit zu erleben. Noch rollt hier die 01 an den Bahnsteig, noch schlendern hier die kürzlich vom Bw Wetzlar übernommenen 86er im Rangierdienst vorbei und noch erlebt man neben den allgegenwärtigen 50ern die Baureihen 55 und 66. Denn mit Beginn des Sommerfahrplans sollte das Bahnbetriebswerk Gießen auch zum Einsatz-Bw für Elektrolokomotiven werden (nach Aufnahme des elektrischen Zugbetriebes von Frankfurt über Gießen nach Hagen) und weitere zwei Jahre später sollte hier mit einer großen Lokomotivschau am 26. Mai 1967 der endgültige Abschied von der Dampflok „gefeiert" werden. Und zusammen mit ihren hier noch beheimateten Schwestermaschinen 23 019 und 23 021 sollte auch unsere 23 020 vom großen Eingangsfoto sieben Wochen später am 14. Juli 1967 zum Bw Crailsheim umbeheimatet werden.

*Die Lektüre im Kursbuch bestätigt es: Das berühmte und nur erstklassige F-Zug-Paar „Roland" benötigt zwischen Frankfurt und Bremen nur fünf Stunden und zwanzig Minuten, der Heckeneilzug dagegen satte fünf Stunden länger. Egal, wir haben ja Zeit*

Ja, bis dahin werden wir dieses Eisenbahn-Eldorado im schönen Mittelhessischen Hügelland wohl noch öfter besuchen. Denn mit dem großen Personenbahnhof, dem ständig verqualmten Bahnbetriebswerk, dem betriebsamen Gleisdreieck bei Gießen-Bergwald und natürlich den von hier aus beginnenden Streckenabschnitten der großen Main-Weser-Bahn, der Dill- und Lahnstrecke gen Wetzlar und natürlich der Vogelsbergbahn gen Osten gibt es hier für einen Eisenbahnfreund nie Langeweile – interessanter kann es selbst im nahen Bahnknoten Frankfurt kaum sein.

Von einem freundlichen Heizer erfahren wir, dass hier im Gießener Bahnbetriebswerk mit seinen zwei Ringlokschuppen und zwei Drehscheiben noch über 1000 Eisenbahner arbeiten, dass die Anlagen im Jahre 1944 durch einen Luftangriff schwer zerstört wurden und dass erst vor rund zehn Jahren (1952) der ursprüngliche Zustand wieder hergestellt werden konnte. Und angesprochen auf den soeben erlebten E 452 meint er nur lakonisch: „Der Zug ist 'ne lahme Ente, der Roland ist doppelt so schnell!" Die spätere Lektüre im Kursbuch bestätigt es: Das berühmte und nur erstklassige F-Zug-Paar „Roland" benötigt zwischen Frankfurt und Bremen nur fünf Stunden und zwanzig Minuten, unser Heckeneilzug dagegen satte fünf Stunden länger. Egal, wir haben ja Zeit.

Zwölf Jahre später sollte unsere 23 020 am 24. April 1975 in Crailsheim z-gestellt werden, am 26. Juni 1975 wurde sie laut einer Verfügung der Bundesbahn-Hauptverwaltung ausgemustert. Und im nächsten Jahr, als schon längst die E- und Dieseltraktion das Gießener Bahngeschehen bestimmte und die nächsten Dampflokomotiven allenfalls noch im Ruhrgebiet und im Emsland verkehrten, begab sich doch tatsächlich der bekannte Schriftsteller Martin Walser in das Weichbild dieser mittelhessischen Metropole und schrieb am 12. Mai 1976 während einer Lesereise über den Bahnhof Gießen in sein Tagebuch: „Als die Bahnhöfe gebaut wurden, wusste man offenbar überhaupt nicht, woran man bei einem Bahnhof denken sollte. Meistens geriet man dann in eine Mischung aus Kirche und Burg. Das sieht man in Gießen besonders deutlich. Eine rote Sandstein-Kirche mit Hauptschiff und Turm, der allerdings ein bisschen verrückt hingesetzt wurde, um das Kirchenschiff zu stören."

Tröstlich, dass es auch bei ihm im Grunde um die höhere Warte ging. Und ein wenig verrückt sind wir ja schließlich auch, ohne jedoch irgendetwas oder irgendjemanden stören zu wollen ... ***Joachim Seyferth***

# ETZELWANG 1964

Etzelwang 1964: Die Postkarten-Idylle mit Dampflok trügt nicht, denn der Ort ist tatsächlich so malerisch gelegen – und Dampf gab's zur Genüge ...
REPRO: ARCHIV SEYFERTH

**Güterzug-Klassiker mit zwei Dampflokomotiven der Baureihe 50 gab es in Etzelwang noch Mitte der 70er Jahre.** FOTOS: JOACHIM SEYFERTH (2)

Es gibt Ortsnamen, die beim ersten Hören oder Lesen sofort sympathisch wirken: Etzelwang! Oder vertraut, gemütlich und heimelig: Etzelwang! Die nach Landluft, Ferien und nostalgischen Sehnsüchten schmecken: Etzelwang! Derlei Namen gibt es viele, man greife nur ins Antiquariat zum gedruckten Kursbuch, schlage das Bahnhofs- und Ortsverzeichnis auf und reise in Gedanken nach Postbauer-Heng, Gaubüttelbrunn, Mittelschmalkalden, Kleinheubach oder Wolkenstein. Oder eben nach Etzelwang!

Da trifft es sich hervorragend, dass zu unserer Zeitreise zu einem dieser Sehnsuchtsorte – eben Etzelwang! – sogar eine alte Postkarte aus dem Jahre 1964 vorliegt. Eine ganz besondere Postkarte, denn sie wurde dem damaligen Zeitgeist entsprechend kunstvoll nachkoloriert. Alternativ gab es das gleiche Motiv auch im „originalen" Schwarzweiß als Postkarte, natürlich mit leicht wellig gezacktem Rand wie auch unsere gefärbte Version. Natürlich würde uns diese Ansicht nicht die Bohne interessieren, wenn nicht – na ja, Sie sehen es ja selbst! Selbstverständlich gehörte zu Etzelwang die Dampfeisenbahn, die hier schwerlich rein zufällig mitfotografiert wurde, denn die Lokspitze passt genau in eine Baumlücke und die Wagen – immerhin schon moderne Silberlinge – sowie die Dampffahne füllen genau den zentralen Bildraum zwischen Kirche und Baum im Vordergrund aus. Doch wären der Zug und seine Position tatsächlich ein Momentum des Zufalls, so wäre dies auch kein sehr großes Wunder, denn Etzelwang liegt an einer der dichtbefahrensten Eisenbahnstrecken der Hersbrucker Alb, auf der am hiesigen Abschnitt zwischen Hartmannshof und Neukirchen die meisten Güterzüge sogar nachgeschoben werden müssen. Und gerade deswegen sind wir ja hier!

Es ist wohl eine 38er vom Bahnbetriebswerk Weiden, die hier gerade ihren Personen- oder Eilzug gen Neukirchen befördert. Bei näherer Betrachtung fällt auf, dass die

farbliche Nachbehandlung unserer Postkarte im Bereich des Zuges ausgesetzt wurde, Teile der angrenzenden Wiesen- oder Berghänge sowie das Form-Hauptsignal weisen keine Farbe bzw. das ursprüngliche Schwarzweiß auf. Heute würde man die farbliche Nachbehandlung mit „Photoshop" und wenigen Mausklicks bewerkstelligen, damals war es eine unschuldige Manipulation und das insgeheime und von fast jedermann tolerierte Eingeständnis, dass der Schwarzweißfilm und das entsprechende visuelle Ergebnis vielleicht weniger eine Kunstform, sondern vielmehr eine bildliche „Krücke" vor der Erfindung der Farbfotografie sind. Hiergegen verwahrt sich der Künstler natürlich mit Recht, der Postkartenverlag bemerkt hingegen, dass im Dreh- und Verkaufsständer die buntesten Farbmotive am schnellsten nachgefüllt werden müssen ...

## Postkarte und Brötchen

Und wo gab es diese Postkarte? Natürlich nur hier, beim „Alleinverkauf Gg. Hartmann, 8459 Etzelwang". In dem tatsächlich malerisch gelegenen Ort mit rund 1300 Seelen lag sie im Lebensmittelgeschäft, beim Bäcker sowie bei Pensionen und Gasthäusern aus und dürfte bei ihrer Ersterscheinung im Jahre 1964 zwanzig oder dreißig Pfennig gekostet haben. Doch auch zehn Jahre später gab es sie noch und wurde neben anderen Feriengästen von jenem Eisenbahnfreund erworben, der sich für eine knappe Woche für neun Mark pro Tag einschließlich Frühstück in einer kleinen Pension eingenistet hatte und sich als erster Frühaufsteher am Tag herrlich knusprige Brötchen und pralle Landeier schmecken ließ, um sogleich danach mit Tonbandgerät und Kamera an die nahe Eisenbahnstrecke zu eilen. Zwar fuhr keine P 8 mehr und überhaupt war kein einziger Reisezug mehr dampfbespannt, aber im Güterverkehr dominierten noch die Baureihen 044 und 050. Und eine V 60 als Schublok oder zu Berg röhrende 218er waren ja auch nicht gänzlich zu verachten.

## „Heinrich am Hang"

Die Gemeinde Etzelwang, 427 Meter hoch im Oberpfälzer Landkreis Amberg-Sulzbach gelegen, wurde erstmals im Jahre 1059 urkundlich erwähnt, damals mit der heute eigenartig anmutenden Bezeichnung „Ezziliuuangen". Dabei gliedert sich der Ortsname Etzelwang in zwei Teile, das „Bestimmungswort" ist der Personenname Etzel, welcher der Namensfamilie Heinrich (Hezilo, Ezzilo, Ezzo usw.) entspringt. Zur Zeit der Gründung des Ortes war Heinrich ein häufig vorkommender Herrschername. Das Grundwort „wang" weist auf die Hanglage des Ortes hin. Unserer heimeliger Ortsname bedeutet also nichts anderes als „Heinrich am Hang" und Hanglagen sind auf der Postkarte ja unschwer zu erkennen. Übrigens auch der Ortsmittelpunkt, die Kirche St. Nikolaus, die nach einem großen Brand in Etzelwang (1720) von 1721 bis 1764 erbaut wurde. Rund einhundert Jahre später erhielt der Ort mit dem Bau der so genannten „Ostbahn" im Jahre 1859 einen eingleisigen Eisenbahnanschluss und einen Bahnhof, 1909 wurde die Strecke zweiglei-

Die Fahrkartenausgabe im 1300-Seelen-Ort hielt sich noch deutlich länger als der Dampfbetrieb, nämlich bis 1984.

sig ausgebaut. Dass die Oberpfalz einst als rückständig galt, ist auch am Beispiel von Etzelwang nicht ganz zurückzuweisen, denn immerhin hielt die Elektrizität im Ort erst im Jahre 1923 Einzug, eine „moderne" Wasserversorgung gab es erst ab 1955. Und was geschah 1964, im Bestimmungsjahr unserer Postkarte, sonst noch hier und im Rest der Welt? Man konnte am Bahnhof in die neuen „Silberlinge" einsteigen und schon ein wenig bequemer als in den rumpelnden Umbauwagen nach Neukirchen oder Nürnberg reisen. Bedeutend war im Spätsommer 1964 auch, dass der 1945 gegründete Sportverein Etzelwang dem benachbarten und frisch gegründeten Fußballclub „SpVgg Weigendorf 1964 e.V." einen geeigneten Spiel- und Sportplatz zur

*Dass die Oberpfalz einst als etwas rückständig galt, ist auch am Beispiel von Etzelwang nicht ganz zurückzuweisen, denn immerhin hielt zum Beispiel die Elektrizität im Ort erst im Jahre 1923 Einzug*

Verfügung stellen konnte. Im gleichen Jahr begann in Etzelwang auch der selbstständige Künstler Peter Kuschel mit seiner Arbeit. Mit Keramiken, Plastiken und Skulpturen – zum Beispiel für etliche Dorfbrunnen – machte er sich nicht nur in der Oberpfalz und im restlichen Bayern einen Namen: Er übernahm auch internationale Aufträge aus Japan für eine drei Meter hohe Beethoven-Statue oder aus den USA für Darstellungen der Ordensschwester Theresia Gerhardinger.
Nachkolorierte Postkarten aus Etzelwang haben es 1964 auf dem Postweg vielleicht auch bis Übersee geschafft, zumal sie noch etwas billiger als Briefe waren: Auf einer Geheimsitzung in Kiel hatte im Juni 1964 ein Arbeitsausschuss des Post-Verwal-

Für die unzähligen Motive an der freien Strecke rund um Etzelwang, wie hier ein schwerer Güterzug mit 050 253 und 052 569 (Bild oben) und einem 614/914, reichte oft ein 36er-Diafilm am Tag nicht aus.

tungsrats neue Vorschläge ausgearbeitet, nach denen das (innerdeutsche) Briefporto von 20 auf 30 Pfennig erhöht werden sollte. Monetäre Probleme in höheren Dimensionen schaukelten sich allmählich bei der wirtschaftlichen Lage der Deutschen Bundesbahn hoch und selbst Bundeskanzler Ludwig Erhard kündigte an, er werde sich jetzt durch diese ganzen Bundesbahndinge „hindurchfressen, weil" – wie er wörtlich erklärte – „ich meine, so können die Dinge nicht bleiben". Dann allerdings hätte er seinen Verkehrsminister Seebohm und letztlich auch sich selbst zurückpfeifen müssen, denn die „Bundesbahndinge" waren auch 1964 von der Politik verschärft worden: Am 11. März trat nämlich die „Fünfte Verordnung über die Höchstzahlen der Kraftfahrzeuge des Güterfernverkehrs und der Fahrzeuge des Möbelfernverkehrs" in Kraft. Sie brachte eine Aufstockung der Güterfernverkehrskontingente auf der Straße um 2514 sowie weitere 1000 Konzessionen für den grenzüberschreitenden Verkehr. Durch diese erhebliche Vergrößerung des Transportraumangebots auf der Straße sah sich die Deutsche Bundesbahn zwei Monate später gezwungen, die Gütertarife „umzugestalten": Die Tarife für die Klassen A/B bis E wurden um rund 20 Prozent, für die Klasse F um zehn Prozent gesenkt und die Entfernungsstaffel in den wettbewerbsgefährdeten mittleren Entfernungen verstärkt abgestuft. Der diesbezügliche Antrag der DB zur Genehmigung beim Bundesminister für Verkehr löste eine zweimonatige Offensive – sprich Lobbyarbeit – von Güterkraftverkehr und Binnenschifffahrt aus.

## Koks aus dem Ruhrgebiet

In Etzelwang war 1964 von derlei Gefahr für den Eisenbahnverkehr freilich noch nichts zu merken – auf der Strecke herrschte rund um die Uhr Betrieb, akustisch am meisten geprägt von den schweren Güterzügen, die von Nürnberg her kamen und ab Hartmannshof acht Kilometer bis Neukirchen meist nachgeschoben werden mussten. Hier in Etzelwang war bei den rund elf Promille das Ärgste schon geschafft, denn bis Neukirchen verbleiben nur noch zwei Kilometer Rampenfahrt. Dort verzweigte sich die Strecke in die Linien nach Weiden sowie Schwan-

**Was wäre Etzelwang ohne die Baureihe 218, die hier über Jahrzehnte in allen möglichen Diensten gegenwärtig war – hier im Oktober 1984 mit einem Eilzug.** FOTOS: JOACHIM SEYFERTH (5)

dorf, die schwersten Güterzüge fuhren Richtung Schwandorf bis zur Maxhütte in Sulzbach-Rosenberg, jenes letzte große Stahlwerk in Bayern, welches unter anderem auch Eisenbahnschienen herstellte. Der riesige Energiehunger der Hochöfen wurde mit Koks aus dem Ruhrgebiet gestillt, beispielsweise von der Kokerei Grimberg der Zeche Monopol in Bergkamen bei Unna: Gag 69239 hieß der entsprechende Zug mit bis zu fünfzig hoch beladenen E-Wagen, mit 1880 Tonnen für die Strecke Nürnberg – Schwandorf grenzlastschwer, an der Spitze eine 44er des Bw Nürnberg Rbf oder Weiden, als Schublok meist eine der in der Lokstation Neukirchen (Außenstelle des Bw Weiden) ansässigen 50er aus Weiden und Schwandorf. Von 13.19 Uhr bis 13.34 Uhr hatte er zum Ansetzen der Schublok planmäßig Zwischenhalt in Hartmannshof, 13.49 Uhr war „Plan" in Etzelwang. Ein wiederum grandioses Schauspiel, diesmal zwischen Mittagessen und Mittagsschlaf, Dampflokzeit pur!
Oder der Gag 57925 von Oberhausen nach Sulzbach-Rosenberg Hütte. Vorne auch 'ne 44er, hinten 'ne 50er oder manchmal sogar eine missmutig brummende V 60, Etzelwang „Plan" 7.52 Uhr. Ebenfalls Koks, ebenfalls Grenzlast 1880 Tonnen. Relativ „schubsicher" war auch der Nahgüterzug 64509 von Nürnberg Rbf nach Neukirchen: Bei 44er-Zuglok war seine im Buchfahrplan verzeichnete Grenzlast von 1525 Tonnen auf der Rampe zwischen Hartmannshof und Neukirchen auf 1230 Tonnen reduziert (50er: 900 t), bei höherem Zuggewicht sollte oder musste nachgeschoben werden. So natürlich auch bei den Eisenerz- und Bauxit-Zügen nach Sulzbach-Rosenberg oder bei den Ganzzügen zur Luitpolthütte bei Amberg sowie zu einem Aluminiumwerk bei Schwandorf. Und weil die Straßenlobby noch nicht allzu mächtig war, war der Schubdienst praktisch bei fast jedem anderen Güterzug erforderlich. Demnach hing insbesondere bei windstillem Tiefdruckwetter über Etzelwang und dem benachbarten Lehental ein ständiger Duft der Dampfeisenbahn, das „Narrenparfüm", natürlich noch angereichert von den zusätzlichen Personenzügen und nach Hartmannshof zurückkehrenden Schublokomotiven. Ob eine nachkolorierte Postkarte mit einer P 8 diese Atmosphäre, dieses Paradies vollständig vermitteln kann?

*An der Strecke herrschte rund um die Uhr Betrieb – akustisch am meisten von Güterzügen geprägt, die von Nürnberg her kamen und ab Hartmannshof acht Kilometer bis Neukirchen meist nachgeschoben werden mussten. Hier in Etzelwang war bei den rund elf Promille das Ärgste schon geschafft*

Bis 1968 fuhren die 38er des Bw Weiden hier, ein Teil ihrer ehemaligen Personenzüge wurde bis zum September 1973 noch mit der Baureihe 50 gefahren. Aus dem Bahnhof Etzelwang war längst eine Blockstelle geworden, aber die kleine Fahrkartenausgabe war noch fast rund um die Uhr geöffnet und wurde vom Betriebsbeamten mitbedient. Und während irgendwo im Ort noch eine kleine Restauflage einer nachkolorierten Postkarte mit einem fast versteckten Dampfzug herumlag, pilgerten immer mehr Eisenbahnfreunde nach Etzelwang und an die Rampe, hartnäckig begleitet vom immer mehr eher ungeliebten Dieselloks vor allem der Baureihe 218, die den Dampfern ihren Rang im schweren Güterverkehr streitig machten. Doch noch hämmerten die 44er mit ihrem Dreizylinderschlag durchs Lehental, gefolgt vom deutlich trennschärferen Zweizylinder-Klang einer 50er-Schublok. Und angesichts langsam zu Berg keuchender Maschinen und der zahlreichen Motive und Blickwinkel an der Strecke reichte ein 36er-Diafilm oder eine C 60-Tonbandkassette bei weitem nicht aus, um alle Dampfzüge eines „ordentlichen" Werktages zu konservieren. Ein schwerer Zug war bei Etzelwang immerhin rund fünfzehn Minuten zu hören, des Nachts gar noch länger und beeindruckender. Im Sommerfahrplan 1975 jedoch sank die Zahl der Dampf-Leistungen rapide ab, um zum Winterfahrplan 1975 ganz zu enden – jetzt galt sogar ganz Bayern offiziell als dampffrei.
Geblieben ist indes der heimelige und vertraute Name Etzelwang, der insbesondere von Eisenbahnfreunden der älteren Semester zu den Sehnsuchtsorten addiert wird. Und eine nostalgisch kolorierte Postkarte mit einem beiläufig durchs Bild fahrenden Dampfzug, die mit unbekannter Rest-Anzahl und auf der Rückseite mit alten Briefmarken und Grußworten versehen noch irgendwo in Deutschland und in der Welt ihr dunkles Dasein in irgendwelchen Schubläden, Schränken und anderen Stellen der Habseligkeit fristet. Der Weg und das Schicksal jeder einzelnen dieser speziellen Postkarte aus Etzelwang wäre ebenfalls große Geschichten wert – andere und jeweils ganz eigene Zeitreisen, die im Gegensatz zu diesen Zeilen wohl nie mehr nachgeschrieben werden. ***Joachim Seyferth***

Bahnhof Zeilhard, 2. Juni 1970: Der Mittagszug aus Erbach Richtung Darmstadt fährt soeben ein.
FOTO: H.P. KÜHL/STIFTUNG DEUTSCHES TECHNIKMUSEUM BERLIN

# ZEILHARD 1970

Es ist ein freundlicher sonniger Tag mit angenehmen Temperaturen um die 20 Grad, als am 2. Juni 1970, einem Dienstag, der Mittagszug aus Erbach Richtung Darmstadt im Bahnhof Zeilhard einfährt. Nur die Bewohner des Bahnhofs, die die frische Luft am offenen Fenster und auf dem Balkon genießen, scheinen den Zug zur Kenntnis zu nehmen, der Bahnsteig selbst ist leer. Die Situation strahlt eine tiefe Ruhe aus, fast scheint es, als sei die Zeit stehen geblieben, was zu der Idylle der Umgebung passt, liegt der Bahnhof doch mitten in der lieblichen Hügellandschaft des vorderen Odenwalds mit seinen Feldern und Wäldern. Schaut man sich um, mag man sich fragen, warum sich an dieser Stelle überhaupt ein Bahnhof befindet, zudem mit solch stattlichem Empfangsgebäude; kein Dorf, keine Siedlung ist zu erkennen, zu der dieser Bahnhof gehören würde, lediglich die drei großen Höfe des Weilers Dilshofen liegen unterhalb des Bahndamms. Der namensgebende Ort Zeilhard liegt fast zwei Kilometer entfernt und wird über das „Bahnpädsche" in rund 20 Minuten Fußmarsch erreicht. Und wie für einen solchen Landbahnhof nicht ungewöhnlich, bedeutete der Bahnhof ursprünglich über Jahrzehnte für gleich drei weitere Orte – Georgenhausen, Hahn und Wembach – das Tor zur Welt.

## Domäne der 65er

Der lange Zug mit immerhin zehn dreiachsigen Umbauwagen vom Typ B3y wird von der Lok 65 018 gezogen. Die ersten Loks dieser als äußerst beschleunigungsstark und zuverlässig geltenden Neubaureihe lösten schon ab den frühen 50er Jahren nach und nach die alten preußischen Länderbahnloks auf der Odenwaldbahn ab, Ende der 60er Jahre war der Odenwald das Haupteinsatzgebiet dieser dann komplett in Darmstadt beheimateten zweizylindrigen Heißdampfmaschinen. Die zum Aufnahmezeitpunkt gerade mal 14 Jahre alte 65 018 wurde als letzte Maschine dieser Reihe gebaut, sie ist mit Mischvorwärmer und einem speziellen Leichtlauftriebwerk ausgestattet und zudem für den indirekten Wendezugbetrieb eingerichtet. Sie repräsentiert somit de facto den finalen Stand der Technik der Bundesbahn-Dampfära. Neben den 65ern kommen vereinzelt auch Loks der Baureihe 50 zum Einsatz auf der Odenwaldbahn, insbesondere vor schweren Güterzügen auf der steigungsreichen Strecke, in den Nebenzeiten übernehmen häufig Schienenbusse den Betrieb.

So nostalgisch und beschaulich sich die Situation am Zeilharder Bahnhof im Sommer 1970 auch darbietet, so anachronistisch wirkt sie doch vor dem Hintergrund der Zeit. Wenige Wochen vor Aufnahme des Bildes muss die Mondlandung der Apollo-13-Mission nach Explosion eines Tanks abgebrochen werden, was eine dramatische Rückkehr zur Erde zur Folge hat. Im fernen Asien tobt seit Jahren der Vietnamkrieg, der bereits mit Hubschraubern, Düsenjägern und Lenkwaffen ausgetragen wird.

Im Frühjahr 1970 wird auch Kambodscha hineingezogen, was zugleich der Schreckensherrschaft der Roten Khmer den Weg ebnet. Politisch engagierte linksgerichtete Studenten protestieren auch in deutschen Großstädten gegen diesen Krieg, fordern gesellschaftliche Veränderungen und radikalisieren sich zunehmend. Wenige Tage vor dem Entstehen unseres Bildes haben Ulrike Meinhof und Gudrun Ensslin in West-Berlin Andreas Baader mit Waffengewalt aus der Haft befreit und sind daraufhin in den Untergrund abgetaucht, was als die Geburtsstunde der Roten Armee Fraktion (RAF) gilt. Die Stimmung dieser Zeit führt auch politisch zu einer Umbruchphase der alten Bundesrepublik. Nach den ungebremsten Wirtschaftswunderjahren unter den CDU-Kanzlern Adenauer, Erhard und Kiesinger ist wenige Monate zuvor mit Willy Brandt erstmals ein SPD-Politiker zum Bundeskanzler gewählt worden, womit eine Tauphase im festgefahrenen Kalten Krieg zwischen West-Deutschland und den Ostblockstaaten einsetzt. Wenige Wochen nach Aufnahme des Bildes wird Brandt in den Moskauer Verträgen die Nachkriegsgrenzen Deutschlands sowie die Existenz der DDR de facto anerkennen und Ende des Jahres mit dem Warschauer Kniefall einen großen Beitrag zur Versöhnung zwischen Deutschland und Polen leisten. Die Computermaus wird ebenso im Jahr 1970 patentiert wie die englische Tageszeitung The Sun mit dem täglichen Abdruck einer nahezu unbekleideten Frau auf Seite 3 be-

**Mächtig Dampf macht die 50 052 an einem Wintertag um 1967 im Bahnhof Zeilhard.**
FOTO: F.W. BAIER

Beschaulicher Bahnhof mit filigranem Stationsschild: 65 001 mit dem Mittagszug in Zeilhard (um 1967). FOTO: F.W. BAIER/SAMMLUNG OBERMAYER

ginnt, was die Auflagenzahl drastisch in die Höhe schnellen lässt.
Auch in den ursprünglich rein landwirtschaftlich geprägten Dörfern des vorderen Odenwalds ist der gesellschaftliche Umbruch klar zu spüren. In allen Orten im Einzugsbereich des Bahnhofs Zeilhard werden große Baugebiete erschlossen, womit sie sich zunehmend zu Schlaf- und Pendlerorten für die florierende Wirtschaft in Darmstadt und dem Rhein-Main-Gebiet wandeln. Hatten Zeilhard und Georgenhausen bei Eröffnung des Bahnhaltepunkts 1871 gemeinsam bescheidene 655 Einwohner, war diese Zahl bis zu Beginn des Zweiten Weltkriegs moderat auf 1049 angewachsen, hatte sich dann aber bis 1970 auf bereits 2065 fast verdoppelt. Und dies war erst der Beginn einer Entwicklung, die bis ins Jahr 2015 zu fast 5000 Einwohnern führen wird.
Dieser Bevölkerungsanstieg sorgte während der Wirtschafswunderjahre zunächst

*Ort und Bahnhof Zeilhard liegen fast zwei Kilometer auseinander. Die Station wird über das „Bahnpädsche“ in rund 20 Minuten Fußmarsch erreicht*

für eine deutliche Zunahme der Bahnpendler; so erreichte die Zugdichte auf der Odenwaldbahn 1958 ein Maximum und der Bahnhof Zeilhard erlebte trotz seiner ortsfernen Lage seine Blütezeit. Die kle ne, dem Bahnhof gegenübergelegene Gaststätte „Zum Finkennest“, die seit den Nachkriegsjahren von Bahnhofsbewohnern betrieben wurde und Pendlern stets willkommene Gelegenheit für ein „Feierabendbier“ vor dem Fußweg nach Hause bot, wurde unter diesem Einfluss zu einem großen Ausflugslokal erweitert.
Zugleich verlegte die Politik in diesen Jahren ihren Schwerpunkt aber zunehmend auf den Individualverkehr. Der Ausbau der Straßen im vorderen Odenwald wurde massiv vorangetrieben, alte Schotter- und Pflasterstraßen wurden verbreitert und asphaltiert. 1957 wurde die Ortsdurchfahrt der Orte Zeilhard und Georgenhausen geteert, worauf eine Buslinie, die beide Orte bislang umfahren hatte, direkt durch die Dorfzentren geführt wurde, was nun eine weit bequemere und schnellere Möglichkeit bot, ins 13 Kilometer entfernte Darmstadt zu gelangen, fiel doch der zwei Kilometer lange Fußmarsch zum Bahnhof weg. Allerdings waren es anfangs nur wenige

Die Straßenseite des Zeilharder Bahnhofs. Im Anbau befindet sich das Stellwerk. FOTO: H. SCHMIDT/ARCHIV WITTIG

Busse pro Tag und diese auch noch teurer als die Bahn, was die Attraktivität der Bahn zunächst noch eine Weile aufrechterhielt. Der gewachsene Wohlstand machte es aber bald fast jeder Familie möglich, ein Auto anzuschaffen, die Zahl der zugelassenen Autos hat sich zwischen 1960 und 1970 mehr als verdreifacht. 1970 ist zudem die Autobahn A 680 entlang des vorderen Odenwalds nach Darmstadt im Bau (später Teil der B 26). Drei Nebenbahnen des einst dichten Bahnnetzes der Region rund um Zeilhard wurden unter diesem Druck bereits stillgelegt und durch Busse ersetzt (1963 Reinheim – Reichelsheim, 1965 Reinheim – Dieburg und 1966 Darmstadt Ost – Groß-Zimmern) und selbst der südliche Abschnitt der Odenwaldbahn findet sich im sogenannten „Leber-Plan" zur Rationalisierung des Bahnbetriebs in Deutschland als Stilllegungskandidat wieder. Für viele der zuziehenden Neubürger, wozu beispielsweise meine Eltern zählen, stellt der entfernt gelegene Bahnhof Zeilhard nie eine ernsthafte Option zum Pendeln dar.

Die Zahl der Fahrgäste am Zeilharder Bahnhof schrumpft von nun an kontinuierlich. In diesem Zusammenhang stellt sich natürlich die Frage, wie es überhaupt zu der ungünstigen Lage des Bahnhofs kam. Ähnlich wie in den 1960er Jahren der Straßenbau zur Verbesserung der Infrastruktur gefördert wurde, bemühte sich das Großherzogtum Darmstadt in den 1860er Jahren um die Erschließung seines Landes mit Bahnlinien. Die wichtigen Durchgangslinien waren zu dieser Zeit bereits weitgehend fertiggestellt, nun sollten auch die abgelegeneren Landesteile von einem Bahnanschluss profitieren.

*Der Dienst in Zeilhard galt vielen Fahrdienstleitern als „Urlaub auf dem Lande" – lag der Bahnhof doch in schöner Landschaft, und es war verhältnismäßig wenig dort zu tun*

Es stand außer Frage, dass der verarmte und von Auswanderung stark betroffene Odenwald mit einer Bahn erschlossen werden müsse, doch es sollten zehn weitere Jahre vergehen, bis diese schließlich ihren Betrieb aufnahm. Zunächst stritt man auf politischer Ebene zwischen den Kleinstaaten; so verweigerte das Großherzogtum Baden, das gerade an seiner eigenen Odenwaldbahn baute, aus Konkurrenzsorgen den Anschluss einer hessischen Odenwaldbahn an das badische Bahnnetz im südlichen Odenwald (dieser folgte erst 1881). Dann entbrannte ein lokalpolitischer Kampf zwischen den verschiedenen Odenwaldtälern um den Ausgangspunkt und den Verlauf der stattdessen zu bauenden Stichbahn nach Erbach, der erst 1867

durch ein Machtwort des Großherzogs beendet wurde. Dieser entschied persönlich, die Bahn von der Residenzstadt Darmstadt ausgehend quer zu den Tälern der Modau und Gersprenz ins Mümlingtal zu führen. Dieser geografisch ungewöhnliche Verlauf verleiht der vorderen Odenwaldbahn bis heute den reizvollen Charakter einer Gebirgsbahn, die in weiten Teilen auf hohen Dämmen oder in tiefen Einschnitten durch die hügelige Landschaft geführt wird und deren höchster Punkt tatsächlich zwischen Ober-Ramstadt und dem Bahnhof Zeilhard liegt! Die Konzession zum Bau der Bahn wurde der privaten hessischen Ludwigsbahn Gesellschaft erteilt, die wohlgemerkt einen staatlich garantierten Mindestgewinn einforderte, galt der wirtschaftliche Erfolg der aufwändigen Strecke doch von Anbeginn an als fraglich. Warum die Bahn zwischen Ober-Ramstadt und Reinheim schließlich über acht Kilometer durchs „Niemandsland" gebaut wurde, was zwischen dem Zeilharder Bahnhof und Reinheim sogar den 240 Meter langen Engelbergtunnel erforderlich machte, anstatt die Strecke etwas nördlich ohne Tunnel direkt an den Orten Zeilhard und Georgenhausen vorbeizuführen, ist leider nicht mehr sicher zu klären.
Bis heute ranken sich Legenden um Zeilharder Kleinbauern, die ihr Land nicht abgeben wollten, und Dilshofer Großbauern, die die Bahn an sich zogen, weil sie die Absatzchancen für ihre Güter verbessern wollten. Die nördlichere Route hätte definitiv zu einem ortsferneren Bahnhof im damals schon deutlich größeren Reinheim geführt – zudem der Geburtsort des verantwortlichen Geometers. Vermutlich wurde die für Zeilhard ungünstige und zugleich teurere Route einfach zum Vorteil einer besseren Anbindung Reinheims gewählt, während für die bäuerliche Bevölkerung zwei Kilometer Fußmarsch als zumutbar erachtet wurden. Immerhin wurde trotz der ortsfernen Trassenführung von Anbeginn eine Haltestelle Zeilhard an offener Strecke eingeplant, eine provisorische Fachwerkbaracke mit eigenem Haltestellenvorsteher, die mit Eröffnung der Bahn 1871 in Betrieb ging und in ihren ersten Jahren wohl ein eher beschauliches Dasein führte.

## Nur wenige Reisende

Die landwirtschaftliche Bevölkerung reiste tatsächlich selten! Wenige Meter östlich des Bahnhofs befand sich zudem ein beschrankter Bahnübergang, der von einem separaten Bahnwärter bedient wurde, für den wiederum eine kleine Wärterbude aufgestellt wurde. Erstaunlicherweise war es ausgerechnet Zeilhard, das 1880 als erster Bahnhof der Strecke ein festes sandsteinernes Stationsgebäude mit Stall- und Abortgebäude bekam, wohl primär um dem Stationsvorsteher fernab aller Orte eine Dienstwohnung bieten zu können. Teile dieses ursprünglichen Gebäudes finden sich noch in unserem Bild wieder!
Auch die Verladung der primär landwirtschaftlichen Güter stieg konstant an, was auf offener Strecke zunehmend schwierig zu bewerkstelligen war. So wurde 1891 ein Ladegleis eingerichtet, an dessen Kosten sich auch damals schon die großen umliegenden Höfe beteiligen mussten. Zum Höhepunkt der Industrialisierung und nach Verstaatlichung der Ludwigsbahn erfolgte dann der große Ausbau des Landbahnhofs. 1906/07 wurde das kleine Stationsgebäude erweitert, aufgestockt, um eine zweite Dienstwohnung zu schaffen, und repräsentativ im zeitgemäßen neubarocken Heimatstil mit Oktogonalerker, Mansardendach, ursprünglich teils offenem Fachwerk und Holzschindeln umgestaltet, wie wir auf unseren Bildern erkennen. 1909 wurde schließlich das 600 m lange Kreuzungsgleis mit moderner Hauptbahn-Stellwerks- und -Signaltechnik gebaut, vor dem Ersten Weltkrieg folgte noch eine größere Güterhalle. Für viele Jahrzehnte stellte Zeilhard nun einen vollwertigen und lebendigen Bahnhof an der Odenwaldbahn dar.
Der Bahnübergang wurde im Rahmen der Flurbereinigung 1959 aufgehoben, ansonsten finden wir das gewachsene Bahnhofsensemble im Sommer 1970 aber noch komplett erhalten vor. Die alte Wärterbude dient nun als Ölraum und Waschküche, im alten Abort und Stallgebäude (im Vorder-

**Ein beachtlich langer Pendlerzug mit 065 002 fährt am 18. Juni 1969 aus Zeilhard Richtung Reinheim (und weiter in den Odenwald) aus.**
FOTO: DIETER DALICHO

grund unseres Bildes) hielten die Bahnhofsbewohner noch bis Mitte der 60er Jahre Hühner, Schweine und Ziegen zur Selbstversorgung, genauso wie sie im Bahnhofsgärtchen Gemüse anbauten.
Betrachten wir unser Eingangsbild nun aber nochmal genauer, lassen sich auch die Zeichen des anstehenden Umbruchs bereits erkennen. So steht auch das Ausfahrtssignal nach Reinheim entgegen der Fahrtrichtung auf „Fahrt", der Bahnhof ist also schon „durchgeschaltet". Klar erkennbar auch, dass das Kreuzungsgleis bereits zunehmend zuwächst und offensichtlich nicht mehr in Benutzung ist. Schon seit Beginn der 1960er Jahre war Zeilhard keine eigenständige Dienststelle mehr, sondern dem östlichen Nachbarbahnhof Reinheim unterstellt. Seit dieser Zeit war auch der Fahrkartenschalter geschlossen und die klassische Güterverladung eingestellt, obwohl der Bahnhof zumindest werktags tagsüber nach wie vor besetzt war.
Der Dienst in Zeilhard galt vielen Fahrdienstleitern in dieser Zeit als „Urlaub auf dem Lande", lag der Bahnhof doch in schöner Landschaft, und es war verhältnismäßig wenig dort zu tun. Wenige Monate vor der Aufnahme des Bilds, Anfang Oktober 1969, war aber schließlich der letzte Fahrdienstleiter von Zeilhard abgezogen worden. Ab diesem Zeitpunkt war der Zeilharder Bahnhof nun dauerhaft durchgeschaltet und somit wieder wie in Anfangstagen Haltestelle an offener Strecke.
Eine betriebliche Besonderheit zu dieser Zeit ist, dass jeweils im Herbst noch rund 100 Wagen mit Zuckerrüben am Ladegleis beladen werden. Die Bauern erledigen das Verladen mit einer Hebebühne in Eigenregie. Sollen die beladenen Wagen jedoch gegen leere ausgetauscht werden, muss zunächst ein Fahrdienstleiter aus Reinheim mit dem Auto nach Zeilhard fahren, dort die Durchschaltung aufheben, das Rangieren vor Ort leiten, um anschließend den Bahnhof wieder durchzuschalten und nach Reinheim zurückzufahren. Dieser Zustand wird noch rund zwei Jahre andauern, dann wird der Bahnhof Zeilhard, wiederum mit Mitteln des bereits genannten Leber-Plans, rückgebaut und zu einer von Reinheim gesteuerten Anschlussstelle (Anst) umgebaut. Im August 1972 wird zunächst das Kreuzungsgleis demontiert, wenig später folgten die Signale und das Stellwerk. Das Ladegleis wird mit einer Schutzweiche gesichert, die Schlüssel befinden sich in einem Schaltschrank direkt an der Weiche des Ladegleises im Hauptgleis.
Auch die Epoche des Dampfbetriebs findet wenige Monate nach Aufnahme unseres Bildes ihr Ende; mit dem Winterfahrplan 1970/71 verschwinden die Dampfloks aus dem Odenwald und werden von Dieselloks der Baureihe 212 ersetzt, die in der Folge bis Mitte der 90er Jahre das Bild auf der Odenwaldbahn prägen.
Was man in unserem Bild nicht erkennt, sind die schwierigen sanitären Bedingungen im Zeilharder Bahnhof. Aufgrund der abgeschiedenen Lage wird das Gebäude aus einem eigenen Brunnen mit Wasser versorgt und hat auch seine eigene Sickergrube für die Abwässer. Ursprünglich musste das gesamte Wasser von Hand in die Wohnungen getragen werden. Zwar waren im Laufe der 1960er Jahre noch Wasserleitungen verlegt und die Plumpsklos durch modernere WCs ersetzt worden, in den Sommermonaten trocknet der Brunnen jedoch immer wieder aus und die Bewohner müssen sich mit Leiterwagen Wasser bei den nahe gelegenen Bauernhöfen holen. Im Herbst 1973 geht dieser Missstand durch die örtliche Presse, aber anstatt eine vernünftige Wasserversorgung herzustellen, wird den Bewohnern einfach der Mietvertrag gekündigt; sie ziehen im August 1974 aus.

## Abriss statt Wohngemeinschaft ...

Im Mai 1975 wird das stattliche Gebäude für 30 000 Mark abgerissen, obwohl es mehrere Kaufinteressenten gibt. Gerüchten zufolge hat die Bahn Sorge, in der aufgeheizten politischen Stimmung könnten linksgerichtete Wohngemeinschaften in den Bahnhof ziehen, die dann die Betriebssicherheit gefährden könnten.
Das weitere Schicksal des Bahnhofs ist schnell erzählt. Nach dem Abriss des Stationsgebäudes wird der Bahnhof als moderner Haltepunkt umgestaltet, mit gläsernem Unterstand und betonierter Bahnsteigkante, aber immer weniger Züge halten tatsächlich in Zeilhard. Im Sommer 1979 wird der Haltepunkt schließlich komplett aufgehoben, in der Folge schließt wenig später auch das benachbarte „Finkennest" seine Pforten. Der ehemalige Bahnhof erwacht nunmehr nur noch im Herbst aus seinem Dornröschenschlaf, wenn während der Rübenkampagne noch immer Dutzende offene Güterwagen von den Bauern mit Hilfe der Hebebühne beladen werden, die den Rest des Jahres im ehemaligen Güterschuppen untergestellt ist. Wegen der aufwändigen Bedienung der Anschlussstelle ist während des Rangierens die eingleisige Strecke für mehr als eine Stunde blockiert, ein klares Hindernis für die angedachte Einführung eines Taktverkehrs auf der Odenwaldbahn und vermutlich mit ein Grund für die Einstellung der Rübenverladung nach der Kampagne 1984. 1988 wird das Gelände des Bahnhofs an privat verkauft, bei den Aufräumarbeiten wird irrtümlich auch der bereits beschädigte Güterschuppen abgerissen, obwohl der Käufer diesen zu renovieren gedachte. Somit ist auch das letzte Gebäude des Bahnhofsensembles verschwunden. 1989 wird wie im Kaufvertrag vereinbart das Ladegleis rückgebaut, 1992 die verbliebene Weiche im Hauptgleis ausgebaut.
Was ist also geblieben von unserem Bild aus der Umbruchzeit im Sommer 1970? Alle Hinweise vor Ort auf den verwunschenen Bahnhof Zeilhard sind verschwunden. Zwar wurde selbst der markante Baum im Bild gefällt, dennoch hat sich die Natur in den letzten 45 Jahren weite Teile des Geländes zurückerobert. Zudem hat die Lok 65 018 unseres Bildes die Zeiten des stürmischen Wandels überstanden und wird heute im Eisenbahnmuseum „Stoom Stichting Nederland" in Rotterdam in betriebsfähigem Zustand gehalten. Fleischmann nimmt sich ebenfalls der 65 018 an und bringt sie sowohl als H0- als auch als N-Spur-Modell seit Mitte der 80er Jahre in viele heimische Wohnzimmer und Hobbykeller.
Auch der ebenfalls darbenden Odenwaldbahn ist ein besseres Schicksal beschieden. Im Rahmen des gestiegenen Umweltbewusstseins wird auch politisch und gesellschaftlich wieder vermehrt auf das Verkehrsmittel Bahn gesetzt. 2005 beginnt die Grundsanierung der Strecke und die Einrichtung eines Zentralstellwerks in Groß-Umstadt Wiebelsbach. Nach dessen Inbetriebnahme verschwindet ein letzter Nostalgiefaktor unseres Bildes: Die Telegrafenleitungen werden nicht mehr benötigt und demontiert. Der Betrieb der Strecke wird an das private Bahnunternehmen VIAS übertragen. Heute fahren moderne Triebwagen vom Typ Bombardier Itino mit hoher Geschwindigkeit in S-Bahn-ähnlichem Betrieb ohne Stopp durch die liebliche Landschaft rund um Zeilhard/Dilshofen – und viele der jüngeren Insassen werden von dem ehemaligen Landbahnhof Zeilhard vermutlich nichts ahnen ... ***Tilmann Wittig***

**Ein moderner Triebwagen vom Bombardier-Typ „Itino", fotografiert 2015 an derselben Stelle wie der Zug anno 1970 auf dem Eingangsbild.** FOTO: TILMANN WITTIG

# Neues für Ihre EISENBAHN-BIBLIOTHEK

## Neue Foto-Schätze aus alten Alben und Archiven

Namenlos – und doch schön. Unbekannt – und doch Geschichte. Wem verdanken wir das Vermächtnis? Neben den professionell arbeitenden und photographierenden Eisenbahnfreunden gab es eine Vielzahl von Menschen, die ebenso auf den Auslöser drückten und – technisch mal mehr, mal weniger professionell – ein Eisenbahnmotiv einfingen. Dabei waren nicht nur die Motive der Bilder, sondern auch die Motive der Photographen sehr unterschiedlich.
Viele dieser bislang unbekannten und auch unveröffentlichten Bilder aus der Länderbahn- und Reichsbahnzeit, deren Photographen längst das Zeitliche gesegnet haben, hat Thomas Samek nun detektivisch enträtselt. Mit seinem Bildband setzt er den unbekannten Schöpfern der seltenen und äußerst sehenswerten Zeitzeugnisse ein kleines Denkmal.

**144 Seiten, Querformat 29,3 x 24,6 cm, gebunden mit Hardcover, über 160 Abbildungen**
**Best.-Nr. 581625 | € 29,95**

VGB [ VERLAGSGRUPPE BAHN ]

**Erhältlich im Fach- und Zeitschriftenhandel oder direkt bei:**
**VGB-Bestellservice · Am Fohlenhof 9a · 82256 Fürstenfeldbruck**
**Tel. 08141/534810 · Fax 08141/53481-100 · bestellung@vgbahn.de · www.vgbahn.de**

**Besuchen Sie uns www.facebook.de/vgbahn**

# BUNDESBAHN-METROPOLEN

## Ruhr-Metropole ESSEN

Die 1950er – 1970er Jahre des letzten Jahrhunderts waren die große Zeit der Eisenbahn. Ohne sie wären weder Wiederaufbau noch Wirtschaftswunder möglich gewesen, die Eisenbahn war das Rückgrat, an dem sich auch Essen und das Revier nach den verheerenden Kriegszerstörungen wieder aufrichtete. Dieser Bildband vermittelt Impressionen aus jenen Tagen, als die Bundesbahn noch dampfte, pralle Diesellok-Rundungen einträchtig neben nüchternen Einheits-Elloks standen und Stahl und Kohle noch den Takt des Essener Lebens bestimmten.

**64 Seiten, Format 210 x 148 mm, Flexcovereinband, über 60 Abbildungen**
**Best.-Nr. 581405 | € 9,95**

## HAGEN Tor zum Sauerland

Die Entwicklung von Hagen wurde seit Mitte des 19. Jahrhunderts von der Eisenbahn geprägt. Große Veränderungen und ein spannendes Nebeneinander von alten Dampf- und jungen Elloks brachte die Elektrifizierung der Strecken in den 1960ern mit sich. Fotoimpressionen aus der Blütezeit der Eisenbahn in Hagen von den 1950er- bis 1970er-Jahren.

**64 Seiten, Format 21,0 x 14,8 cm, Flexcover-Einband, über 60 Abbildungen**
**Best.-Nr. 581522 | € 9,95**

www.facebook.com/vgbahn

**Erhältlich im Fach- und Zeitschriftenhandel oder direkt bei:**
**VGB-Bestellservice · Am Fohlenhof 9a · 82256 Fürstenfeldbruck**
**Tel. 08141/534810 · Fax 08141/53481-100 · bestellung@vgbahn.de · www.vgbahn.de**

VGB [ VERLAGSGRUPPE BAHN ]

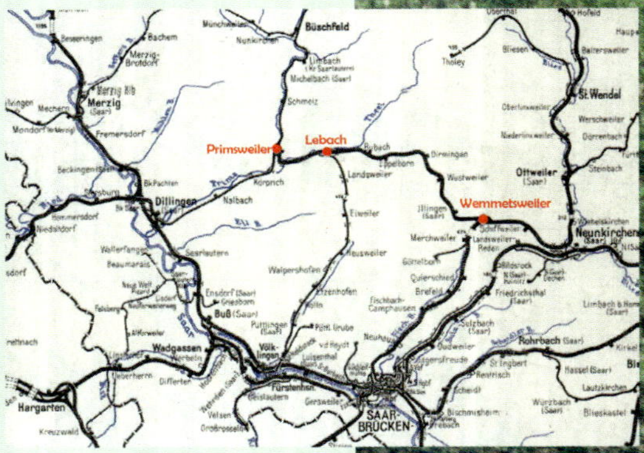


Frühling im Saarland: Auf dem Weg von Lebach nach Wemmetsweiler war 023 072 am 28. April 1975 mit dem N 4654 unterwegs. Die Obstbaumblüte hat gerade begonnen.

# PRIMSWEILER 1975

Ein kleiner Landbahnhof, in der Nachbarschaft eine Gaststätte mit Übernachtungsmöglichkeit und die Aussicht, die letzten 23er der Deutschen Bundesbahn im Alltagsbetrieb erleben zu können. Als Eisenbahnfreund erarbeitete man sich Mitte der 1970er Jahre Standortvorteile für ein „Fototour-Basislager" in ähnlicher Art, wie das Unternehmen für die Ansiedlung eines Werkes tun. Der kleine Ort Primsweiler erfüllte damals unsere Ansprüche in vorzüglicher Art, von hier konnte man erfolgversprechend ein paar Tage auf Dampflokjagd gehen.

Man schrieb den 28. April 1975. Zu dritt unternahmen wir damals eine Fahrt ins Saarland. Wir – ein Zivildienstleistender, ein junger Bundesbahnbeamter aus Essen und ich, damals Soldat bei der Bundeswehr in Koblenz – hatten uns die letzten Planzüge mit 23ern auf die Fahnen geschrieben. Die wollten wir unbedingt noch einmal ablichten. Saarland hieß das erste Ziel, im weiteren Verlauf der Reise sollte es auch noch nach Crailsheim gehen. Aber ich beschränke die Betrachtung in diesem Rahmen auf das Saarland.

Zwei Jahre zuvor hatte ich die Region bereits mit der Bezirkswochenkarte erkundet, vor allem natürlich die Landeshauptstadt Saarbrücken mit ihrem vielfältigen Eisenbahnbetrieb, aber auch Dillingen und das dortige Bw, die Köllertalbahn Völklingen – Lebach, die Stecke von Dillingen nach Primsweiler und von dort über Lebach nach Wemmetsweiler. Schon 1973 war mir aufgefallen, dass die Kombination aus dampfbespannten Pendlerzügen zu den Industrie-, Schul- und Verwaltungszentren in und um Saarbrücken in Verbindung mit einer interessanten Landschaft attraktiv genug für einen weiteren Besuch war. Die 23er waren sozusagen das Sahnehäubchen obendrauf. Aber es gab auch umfangreichen Betrieb mit den alltäglichen 50ern auf den genannten Strecken. Über allem schwebte damals natürlich schon das Damoklesschwert, denn die Bundesbahn war längst dabei, der Dampflok-Oase Saarland endgültig das Wasser abzugraben – die Zeit drängte also!

## Überschaubare Region

Da die Entfernungen im Saarland recht überschaubar und die Streckenabschnitte nicht sonderlich lang waren, bot sich die Möglichkeit, in Zugpausen auch andere Lokalitäten und Strecken mit mehr Betrieb aufzusuchen. Schließlich boten auch die Strecken Saarbrücken – Hanweiler-Bad Rilchingen (– Saargemünd/F.) und Dillingen – Bouzonville, letztere vor allem mit ihren grenzüberschreitenden Flüssigeisentransporten, genügend Motive. Altersbedingt und abhängig von einem schmalen Hobby-Etat war es damals keinem von uns gegeben, „große Sprünge" zu machen. Bis dato waren Jugendherbergen unsere bevorzugten Quartiere, aber mit Anfang 20 war die Aussicht, womöglich mit einer lärmenden Schulklasse die Nacht im Schlafsaal verbringen zu dürfen, nicht sonderlich attraktiv. Diesmal sollte es also ein Gasthof sein. Und: Primsweiler punktete mit den bereits erwähnten „Standortvorteilen". „Fremdenzimmer" war damals im Tourismus noch ein gängiger Begriff. Man war also weniger ein Gast, sondern ein Fremder. Und „Frühstück ab sieben" hatte durchaus den Rang eines gastronomischen Gesetzes.

*Der Gastwirt in Primsweiler überraschte: Statt Frühstück um Sieben bot er an, dieses erst im Anschluss an die ersten Zugfahrten des Tages einnehmen zu können. Das war doch ein Wort*

Das ist aber nicht hilfreich, wenn der erste Zug schon kurz nach 6 Uhr fährt. Ein Schülerzug, bespannt mit einer 50er. Deshalb hatten wir den Gastwirt schon am Tag zuvor darauf aufmerksam gemacht, dass wir schon vor dem Frühstück das Gasthaus zu verlassen gedachten. Wir waren auf einen „abschlägigen Bescheid" hinsichtlich des eigentlich unerlässlichen Frühstücks gefasst, ganz nach der Art des Nürnberger Jugendherbergsvaters, der wenige Jahre zuvor in seiner ebenso barschen wir kompromisslosen Art das Verlassen der Herberge vor 7.30 Uhr für unmöglich deklariert hatte – und das dann auch „durchzog". Ganz anders der Gastwirt in Primsweiler: Er bot uns an, das Frühstück im Anschluss an die ersten Zugfahrten des Tages einnehmen zu können; das war ein Wort, das uns geradezu glücklich machte!

Aufstehen um 5 Uhr früh war für mich kein Problem, weil der Wehrdienst das ohnehin erforderte. Eine halbe Stunde später am Bahndamm den ersten Zug zu fotografieren, war dagegen nicht alltäglich – und das machte die Angelegenheit so unvergesslich. Bei gutem Wetter, besten Motiven und ausgezeichneter Laune sind mir vor allem die frühen Morgenstunden in und um Primsweiler in bester Erinnerung geblieben, ebenso das Frühstück im Gasthaus gegen 9 Uhr, das dann mit Heißhunger verzehrt wurde.

Am Abend war im Gasthof im Primsweiler natürlich ein Essen eingeplant. Ärgerlich war die Tatsache, dass der Magen bereits zeitig knurrte, aber in Primsweiler noch

**Bis Wemmetsweiler war der Fahrdraht 1975 bereits vorgedrungen. Neunkirchen/Saar lautet das Ziel der 023 072, die in Wemmetsweiler die ersten Meter der elektrifizierten Strecke mit ihrem Nahverkehrszug unter die Räder nimmt.**

Noch einmal der N 5659 am 29. April 1975, diesmal auf dem Damm bei Illingen.

Beschleunigung ist Trumpf: Der Lokführer gibt seiner 023 072 die Sporen, weil der Fahrgastwechsel in Dirmingen etwas zu lang dauerte an diesem 29. April 1975.

Frühzug nach Neunkirchen/Saar: 023 077 hat am 29. April 1975 mit dem N 5659 gerade den Bahnhof Lebach verlassen und beschleunigt kräftig. Die kühle Luft ermöglicht eine herrliche Dampfentwicklung.

Unten: Vor allem Schüler und Berufstätige nutzten den N 3882, vor dem sich 052 726 (Bw Saarbrücken) am 29. April 1975 bei der Ausfahrt aus Wustweiler mächtig ins Zeug legt. Heute liegt der Bahnsteig des dortigen Haltepunktes rechts in Höhe der Lok.

**Gemächlich bergab rollt 023 072 am 29. April 1975 auf der Strecke Lebach – Völklingen bei Landsweiler. Sie bringt den N 4185 ins Zentrum der saarländischen Stahlindustrie.** FOTOS: AXEL JOHANSSEN (8)

die Ankunft eines Nahverkehrszugs mit 23er auf dem Fahrplan stand. Beides wollte zeitlich nicht richtig zusammenpassen. Wir ließen uns also in der Gaststube nieder und bestellten zunächst einen Gerstensaft. Mit der Essensbestellung zögerten wir, was der Wirt auch bemerkte. Da die 23er in einer guten halben Stunde zu erwarten war, konnte die Mahlzeit vorher nicht stattfinden. Eine weitere halbe Stunde würde man wohl auch zum Fotografieren und die Rückkehr zum Gasthaus benötigen. Der Mann hatte ein Einsehen: Jetzt bestellen, in gut einer Stunde essen – auch das sollte kein Problem sein. Gesagt – getan, wir konnten den Zug im Bahnhof fotografieren und auch seine Abfahrt, und fünf Minuten nach unserer Rückkehr in die Gaststube stand das bestellte Essen auf dem Tisch – guten Appetit, besser geht's nicht!

Drei Tage und drei Nächte haben wir in Primsweiler in dem netten Gasthaus verbracht. Der Bahnhof, ach was, der ganze Bahnbetrieb im Saarland hatte etwas Beschauliches an sich, das man heute nicht mehr findet. Kurze Strecken erforderten häufiges Kopfmachen, denn die Zeit der Wendezüge mit 23ern war 1975 leider schon vorbei. Häufig wurden Loks getauscht, weil zwischendurch ausgeschlackt oder Wasser genommen werden musste. Behandlungsanlagen gab es in Lebach, Dillingen und Saarbrücken. Umlaufbedingt suchten die Loks immer mal wieder ihre Heimatdienststelle auf, so dass ein reger Austausch herrschte. Da es sich bei den Zugleistungen großenteils um Verbindungen für Berufstätige handelte, herrschte trotz des geordneten Betriebsablaufs quirlige Betriebsamkeit auf den Bahnsteigen. Flügelsignale, intakte Bahnhöfe, besetzte Stellwerke und die damals noch verbreitete Abwesenheit moderner Gewerbe-Zweckbauten, von Windrädern, Graffiti-Ansammlungen und ähnlich motivzerstörerischen Zutaten ermöglichte Bilder, wie sie heute nicht mehr entstehen können.

Längst hat sich die Eisenbahn heute aus der Fläche zurückgezogen, auch im dicht besiedelten Saarland. Aus der hier betrachteten Region nördlich von Saarbrücken hat nur noch die Verbindung von Lebach nach Neunkirchen (Saar) und Saarbrücken-Hbf Personenverkehr. Die übrigen genannten Strecken sind Geschichte. Den kleinen Bahnhof Primsweiler mit seinem überdachten Inselbahnsteig gibt es schon lange nicht mehr. Aber das Gasthaus in unmittelbarer Nachbarschaft ist heute noch da – angesichts des weit verbreiteten Gasthaus-Sterbens heute auch keine Selbstverständlichkeit mehr. Gäste, die vor dem Frühstück noch einen Zug fotografieren möchten, sind wohl schon lange nicht mehr dort gewesen ... ***Axel Johanßen***

**Erst Kopfmachen, dann eine Pause: Im Bahnhof Primsweiler wartet am 28. April 1975 die Saarbrücker 023 077, die gerade von Lebach einen Nahverkehrszug gebracht hat, auf die Rückfahrt. Unterdessen bereitet der Wirt im Gasthof schon mal die Schnitzel für die fotografierenden Gäste vor.**

# HERZBERG 1976

**Herzberg (Harz) am 22. Mai 1976: Mit voller Kraft beschleunigt 051 816 vor Dg 45867 nach Ellrich aus dem Bahnhof heraus vorbei am Stellwerk Ho.** FOTO: KONRAD KOSCHINSKI

Das Ende war seit 1974 vorhergesagt. Mit Aufnahme des durchgehenden elektrischen Betriebs von Osnabrück über Löhne bis Braunschweig würden die Lehrter und Ottberger Dampflokomotiven abgestellt. Doch selbst kurz vor dem Fahrplanwechsel am 30. Mai 1976, dem nun „amtlichen" Termin für den Dampfabschied, mochte es kaum jemand in der Fangemeinde so recht wahrhaben. Noch im Winter 1975/76 benötigte das Bw Lehrte laufplanmäßig 13 Maschinen der Baureihe 050 – 053, setzte das Bw Ottbergen regulär ebenso viele „Jumbos" der Baureihe 044 ein. Außerdem beschäftigten beide Bahnbetriebswerke zahlreiche Loks in Sonder- und Bereitschaftsdiensten. Damit sollte nun schlagartig Schluss sein? Einen derart umfangreichen Dampfbetrieb konnte man doch nicht über Nacht auf null runterfahren!
Aber als sich trotz Restzweifeln das Ende klar abzeichnete, reiste der Fotograf aus Berlin eine Woche vor besagtem Planwechsel nach Herzberg (Harz) – so geschrieben der Bahnhof, die Stadt heißt Herzberg am Harz. Wenigstens einmal noch wollte er die ihm schon von früheren Besuchen vertraute Szenerie erleben. Im an der Südharzstrecke Northeim – Nordhausen gelegenen Knotenbahnhof fand die Zollabfertigung von Güterzügen in und aus der DDR statt, weil der eigentliche DB-Grenzbahnhof Walkenried dafür zu klein war. Dabei wurden sie teils neu zusammengestellt und meistens umgespannt: ostwärts von Ottberger 44ern auf Lehrter 50er, westwärts natürlich umgekehrt.

## Herzberger „Zwergsignale"

Am 22. Mai 1976 brachte die 051 816 den Dg 45867 über die innerdeutsche Grenze hinweg bis Ellrich. Das Einstiegsbild in unsere Zeitreise zeigt den Zug beim Passieren des Wärterstellwerks „Ho". Von den vier Ausfahrsignalen haben drei verkürzte Flügel, während das rechte durch seine deutlich geringere Höhe auffällt. Es ist eines von mehreren Herzberger „Zwergsignalen". Verwundern mag übrigens bei einem Zug in die DDR das Ladegut Holz. Doch dieses kann im Transit durch die DDR und auf der Fähre Saßnitz – Trelleborg befördertes Industrieholz für Schweden gewesen sein. Holz wurde von westdeutschen Firmen tatsächlich dorthin geliefert, so sehr dies angesichts des schwedischen Waldreichtums erstaunt. Oder es handelte sich gar um Holz für Ziele in Bayern, denn zu den Transitrelationen der Deutschen Reichsbahn via Ellrich zählten auch die Routen nach Probstzella und Gutenfürst. Dem „DR-Durchfuhrtarif" lagen die kürzestmöglichen Entfernungen zugrunde, und die waren zwischen Südost-Niedersachsen und Nordost-Bayern wesentlich kürzer als der Weg über Bundesbahnstrecken.
Warum eigentlich beförderten die 44er Güterzüge in der Relation Altenbeken – Ottbergen – Northeim – Ellrich meist nur bis/ab Herzberg? Nun, im DR-Grenzbahnhof Ellrich konnten die „Jumbos" nicht gedreht werden. Da es auch in Herzberg keine für sie ausreichende Drehscheibe gab, hätten sie also die 54 Kilometer von Ellrich bis Northeim „Tender voraus" zurücklegen müssen. Deshalb kamen zwischen Herzberg und Ellrich in der Regel die auch bei Rückwärtsfahrt für 80 km/h zugelassenen 50er zum Einsatz, wobei ihnen in östlicher Richtung nach Osterhagen hinauf oft Loks der Baureihe 44 Schubhilfe leisteten. In Herzberg angekommene 44er fuhren zum Drehen Lz nach Northeim respektive kehrten von dort Lz und „Tv" nach Herzberg zurück, um Züge nach Altenbeken „richtig herum" zu übernehmen. Beim Verzicht auf solche Lz-Fahrten beförderten sie die Züge im nur 27 Kilometer langen Abschnitt Herzberg – Northeim eben in Rückwärtsstellung.
Allerdings liefen die 44er insbesondere mit Ganzzügen auch bis zum DDR-Grenzbahnhof durch. Den Fans des Dreizylinder-Sounds war speziell der wegen seiner Zementsilowagen so genannte „Zwiebelzug" von Quadrath-Ichendorf nach Bitterfeld ein Begriff, zumal er auf seinem weiteren Weg mit der Kraft zweier Reichsbahn-44er (eine vorn, eine hinten) die Riestedter Rampe rauf zum Blankenheimer Tunnel erklomm.

**Einfahrt aus Altenbeken: 044 256 vor Dg 53845 am 2. April 1976.** FOTOS: CHRISTIAN EILERS (2)

**Ab durch die Mitte: Weder nach Rhumspringe (Gleis links) noch nach Siebertal (Gleis ganz rechts), sondern nach Ellrich verlässt 044 149 mit Güterzug am 1. Oktober 1975 Herzberg.**

Umgekehrt übernahmen Bundesbahn-44er in Ellrich schwere Frachten aus der DDR, beispielsweise Kesselwagen mit in den Leuna-Werken bei Halle hergestelltem Ammoniak.

Normalerweise passierten den Grenzübergang Walkenried/Ellrich werktags drei bis fünf Güterzugpaare, an Spitzentagen waren es jedoch bis zu 15 Züge. Für saisonal erhöhtes Frachtaufkommen in die DDR sorgte beispielsweise der Transport von Düngemitteln aus Langelsheim via Seesen und Herzberg. Regulär gab es auf der Westharzstrecke Seesen – Herzberg im Winter 1975/76 wohl nur noch einen werktäglichen Dampfzug pro Richtung, das war ein planmäßig mit 50ern beförderter Nahgüterzug. Doch ließen auch auf dieser Bahnlinie (unter anderem im Militärverkehr von und nach Osterode) noch 44er ihr Stakkato erklingen.

Dem aus Berlin angereisten Fotografen ist als verlässliche Dampfleistung von Herzberg nach Seesen nur die mit der Baureihe 050 – 053 bekannt. Umso mehr freut er sich über den am 22. Mai 1976 mit der 044 319 bespannten Güterzug Richtung Seesen. Die imposante Ausfahrt bleibt ihm als letztes in Herzberg erlebtes Dampfspektakel im Gedächtnis. Am Massenauflauf der Fans zum Finale genau eine Woche später nimmt er nicht teil. Gut 37 Jahre später „beamt“ er sich sozusagen als Zeitreiseleiter nochmals nach Herzberg zurück.

Tatsächlich ging der Einsatz der Lehrter 50er und Ottberger 44er am 29. Mai 1976 schlagartig zu Ende, womit der Altbezirk der BD Hannover dampffrei wurde. Den Güterzugdienst in der Relation Altenbeken – Northeim – Herzberg übernahmen Göttinger 212 in Doppeltraktion oder im Mix mit den bis Ellrich eingesetzten Braunschweiger 216. Der Aufnahme des elektrischen Betriebs zwischen Bentheim und Salzbergen, Osnabrück und Löhne sowie Lehrte und Braunschweig folgte am 26. September 1976 die Umstellung des Abschnitts Braunschweig – Helmstedt auf Elektrotraktion. Somit war die West-Ost-Magistrale von den Niederlanden bis fast zur DDR-Grenze unter Strom. Nachdem im Jahr 1976 auch die BD Köln, Saarbrücken und Stuttgart ihre letzten Dampflokomotiven verabschiedet hatten, spielte der Dampfbetrieb mit einem Anteil von nur noch 0,8 Prozent an den Bruttotonnenkilometern für die Bundesbahn fast keine Rolle mehr – wo dann 1977 das definitive Finale stattfand, ist sattsam bekannt.

*Tatsächlich ging der Einsatz der Lehrter 50er und Ottberger 44er am 29. Mai 1976 schlagartig zu Ende, womit der Altbezirk der BD Hannover dampffrei wurde*

Schlaglichter des Jahres 1976 aus Politik, Kultur und Sport: Bei den Bundestagswahlen am 3. Oktober behauptet sich die sozial-liberale Koalition unter Kanzler Helmut Schmidt knapp gegen den von der CDU/CSU nominierten Herausforderer Helmut Kohl. Jenseits des Atlantiks erleiden die konservativen Kräfte eine Niederlage; im November wird der Demokrat Jimmy Carter mit hauchdünnem Vorsprung vor dem Republikaner Gerald Ford zum 39. Präsidenten der USA gewählt. Im Wettbewerb um den begehrtesten Filmpreis der Welt gewinnt das Psychodrama „Einer flog über das Kuckucksnest“ gleich fünf Oscars, unter anderen Miloš Forman in der Kategorie „Beste Regie“ und Jack Nicholson als „Bester Hauptdarsteller“. Die schwedische Popgruppe ABBA landet mit „Fernando“, „Dancing Queen“ und „Money, Money,

Money" international drei Riesenhits in den Charts. Einen nicht nur kulturpolitisch fatalen Missgriff leistet sich im November die SED-Führung: Kurz nach seinem Auftritt in Köln bürgert sie den Liedermacher Wolf Biermann aus der DDR aus, ein Künstler-Exodus in den Westen folgt. Millionen mehr oder weniger Ski-begeisterte Westdeutsche feiern „unsere Gold-Rosi"; bei den Olympischen Winterspielen in Innsbruck gewinnt Rosi Mittermaier zwei Goldmedaillen und eine Silbermedaille. In der Fußball-Bundesliga setzt sich abermals Borussia Mönchengladbach durch und erringt (nach 1970, 1971 und 1975) nun schon den vierten Meistertitel. Die bundesdeutsche Nationalmannschaft erreicht zwar das Finale bei der Fußball-EM, unterliegt den Tschechoslowaken jedoch im Elfmeterschießen, nachdem Uli Hoeneß beim Stand von 3:4 den Ball steil in den Belgrader Nachthimmel geschossen hat.

## Güterzug-Streichungen

Achtung, steile Überleitung! Die Bundesbahn strich 1976 die letzten zwischen Herzberg und Seesen (– Braunschweig) durchlaufenden Güterzüge aus dem Plan. Die damals noch als Hauptbahn betriebene eingleisige Strecke wurde fortan von Seesen aus bis Münchehof und von Herzberg aus bis Gittelde im Güterverkehr bedient. In Herzberg beseitigte man wenig später die Anlagen des bis 1960 als Außenstelle des Bw Northeim fungierenden alten Lokomotivbahnhofs, ergo die beiden Bockdrehkräne mit Kohlehunten, den schon 1970 durch einen Sturm seines Daches beraubten zweiständigen Lokschuppen und den Wasserturm mit Kugelbehälter. Wohl 1977 wurde die am Ostkopf des Lokbahnhofs, unmittelbar am Empfangsgebäude gelegene 16-Meter-Drehscheibe durch Weichen ersetzt.

Ansonsten blieben die umfangreichen Gleisanlagen des Bahnhofs Herzberg (Harz) die 1980er Jahre hindurch weitgehend erhalten. Am östlichen Bahnhofsende entfiel allerdings das südwärts abzweigende Gleis nach Rhumspringe. Die Strecke nach Rhumspringe war ein Reststück der durch die Zonengrenze unterbrochenen Nebenbahn Herzberg – Bleicherode. Nachdem die DB den Personenverkehr auf dem Abschnitt bis Zwinge West bereits 1961 eingestellt hatte, gab sie 1971 auch den Güterverkehr dorthin auf, hielt ihn aber bis Rhumspringe bis Ende Januar 1982 aufrecht. Die nordostwärts abzweigende knapp sechs Kilometer lange Güterstrecke nach Siebertal betrieb die DB noch bis Ende 1994. Letzter Kunde war eine Papierfabrik, zu der es bis 1961 auch Werkspersonenverkehr gab.

In den 1970er und 1980er Jahren stand mehrfach die Einstellung des Reiseverkehrs auf der Südharzstrecke zwischen Herzberg und Walkenried zur Debatte, „Schrumpfkur-Strategen" hätten am liebsten sogar den grenzüberschreitenden Güterverkehr eingestellt. Derlei Planspiele erledigten sich mit dem Zerbröseln des „Eisernen Vorhangs". Schon drei Tage nach dem Mauerfall in Berlin am 9. November 1989 ließen Eisenbahner von Bundes- und Reichsbahn auf eigene Faust einen von Herzberg aus eingesetzten Triebzug der Baureihe 614 zwischen Walkenried und Ellrich pendeln. Ab 14. November 1989 verkehrten planmäßige Eilzüge in der Relation Northeim – Nordhausen, was auch dem Personenverkehr auf der stilllegungsgefährdeten (zur Nebenbahn degradierten) Strecke Herzberg – Seesen zugutekam.

## Zugbildung entfällt

Zum Sommerfahrplan 1991 büßte der Bahnhof Herzberg (Harz) seine Zugbildungsaufgaben ein. Damit wurden sechs hierfür genutzte Gleise sowie der Ablaufberg entbehrlich, doch blieben die Gleise noch lange liegen. Rückbaumaßnahmen und Vereinfachungen des Gleisplans

**Persönliches Dampffinale für den Autor dieser Herzberg-Zeitreise: Eine Woche vor dem Massenansturm der Fans zum offiziellen Ende des Dampflokbetriebs in Herzberg im Harz erlebt er dort am 22. Mai 1976 beim Fotografieren der Ausfahrt von 044 319 mit einem Güterzug nach Seesen sein ganz eigenes letztes Dampflokspektakel.**
FOTO: KONRAD KOSCHINSKI

Auf den Anhöhen hinter dem Herzberger Bahnhof liegen noch Schneereste: 050 778 vor Dg 45867 nach Ellrich am 20. Februar 1976. FOTO: CHRISTIAN EILERS

im westlichen Bahnhofsbereich bedeuteten aber das Ende für das Wärterstellwerk „Hw“ an der Ausfahrt nach Seesen. Nach Anschluss der dortigen Weichen und Signale an das Fahrdienstleiterstellwerk „Hmf“ löste man das Stellwerk „Hw“ 1992 auf und riss es zwei Jahre später ab.

## Der Rückbau überwiegt

Bei der erst in jüngster Zeit vorgenommen Umgestaltung wurden Abstellgleise und ehemalige Rangiergleise beseitigt, aber auch neue Gleise verlegt – insgesamt überwog freilich der Rückbau. Selbstredend entfielen dabei Signale oder erhielten eine neue Lage. So gab es an der Ostausfahrt ursprünglich fünf Formhauptsignale mit verkürzten Masten, hiervon ein besonders niedriges „Zwergsignal“. Die Masthöhe musste wegen der durch die Straßenbrücke eingeschränkten Sicht generell niedriger als normal ausfallen. Sofern normallange Flügel ins Lichtraumprofil des Nachbargleises hineingeragt hätten, musste man auch diese verkürzen (wie auf dem Einstiegsbild in unsere Zeitreise zu sehen, wobei die Lok ein normalflügliges Signal am Gleis links außen verdeckt). Das Mini-Signal in der Ostausfahrt wurde mittlerweile durch ein normal hohes Formsignal in neuer Lage ersetzt. Von den anderen Signalen stehen hier nur noch zwei, da zwei auf der Westseite gekappte Gleise zu nicht mehr für Zugfahrten genutzten Stumpfgleisen mutierten. Im westlichen Bahnhofsbereich gibt es nach wie vor das halbhohe Signal am durchgehenden Hauptgleis 1 und das „Zwergsignal“ am Fahrdienstleiterstellwerk, dieses allerdings längst nicht mehr im Ensemble mit dem ebenfalls zwergenhaften Rangierhaltsignal (gelbes „W“).

Das Stellwerk Hmf: Im letzten Jahr des Dampflokbetriebs befand sich davor noch das zwergenhafte Rangierhaltsignal, das gelbe W-Signal; schon 1982 war davon nichts mehr zu sehen. FOTOS: KONRAD KOSCHINSKI, JOACHIM SEYFERTH

## Heutiger Betrieb spärlich

Allein wegen des Zugbetriebs lohnt die Reise nach Herzberg (Harz) heute kaum. Im Regionalverkehr dieseln LINT-Triebwagen der Baureihe 648, der Güterverkehr ist eher dürftig, ab und zu wird Holz verladen. Doch Freunde alter Sicherungstechnik kommen noch voll auf ihre Kosten, speziell solche, die sie mit ihren Herzberger Eigenheiten auf der Modellbahn nachbilden möchten. Bis die mittlerweile hundertjährigen mechanischen Stellwerke „Hmf“ und „Ho“ – beide Bauart Jüdel – durch ESTW-Technik ersetzt werden, dauert es wohl noch einige Jahre. Mindestens sehenswert ist auch das stattliche Empfangsgebäude in preußischer Backsteinarchitektur mit Zierfriesen und Zierziegeln. Im Eingangsbereich hat vor einigen Jahren ein kleines Café namens „Traum am Gleis“ eröffnet. Klingt ein bisschen hochtrabend, aber damit hat sich die Betreiberin ihren Traum von der Selbstständigkeit erfüllt – und dem von der Bahn verlassenen Bau wieder Leben eingehaucht. ***Konrad Koschinski***

# VILLMAR 1978

Umbauwagen-Klassik am Fluss: Reisende, Zugpersonal und das örtliche „Rotkäppchen“ am haltenden Mittagszug nach Gießen (27. Juli 1978).

Früher war vieles besser. Es gab keine zeitraubenden Computer, das Wetter war schöner und die Eier waren billiger. Und vor allem konnte der eilige Reisende in Villmar seinen Zug in Richtung Limburg oder Wetzlar noch erreichen, denn in direkter Fortsetzung der edlen Marmorbrücke über die Lahn gab es den kleinen Fußgängersteg, der einen sofort über die Gleisanlagen und zum Empfangsgebäude brachte. Da mochte der Zug auch schon in Sichtweite sein – man bekam ihn! Seit dem Millennium ist die kleine, praktische, bürgernahe Brücke abgebrochen, der Reisende muss nun den nahen Bahnübergang überqueren. Zugegeben kein großer Umweg, aber: Minuten vor dem Zug sind die Schranken bereits unten und ihn zu erreichen ist somit aussichtslos geworden, wie zur Verhöhnung rauscht er am verärgerten und versetzten Fahrgast vorbei. Ein Alptraum!

Ein Traum hingegen der luftige Aufenthalt auf eben jener kleinen Fußgängerbrücke am schönen Sommertag des 27. Juli 1978: Es ist 11.44 Uhr und soeben ist rumpelnd und quietschend der Personenzug von Limburg nach Gießen zum Stehen gekommen. Hinter der klassisch-altroten 216 hängen drei gepflegte Umbauwagen-Pärchen, Reisende streben den Holzbohlenübergängen über Gleis 1 entgegen, zusammen mit dem rotbemützten Fahrdienstleiter und Aufsichtsbeamten beobachtet der Zugführer mit seiner kurzen Kelle das Geschehen am Bahnsteig, während Kollege Schaffner am Zug Fahrgäste und vor allem zu schließende Türen im Auge behält. Gleich geht's weiter, die 216 wird aufbrummen und mit ihrem Zug hinten am Wärterstellwerk unseren Blicken entschwinden, während uns die Reisenden kurz darauf auf dem luftigen Fußgängersteg „besuchen" und über die Lahnbrücke dem Ort zustreben. Vom Empfangsgebäude dringen ein paar klappernde Geräusche von der Hebelbank zu uns herauf, ein Auto stößt im Rückwärtsgang aus dem kleinen Parkplatz heraus und dann kehrt wieder Ruhe ein – die so typische Ruhe entlang der ganzen Lahn und ihrer Bahn.

Eine 216 hat mit dem E 3756 Villmar verlassen und strebt Runkel entgegen; beide Orte werden ohne Halt durchfahren (31. Mai 1983).

## Ein Ort zum Verweilen

Hier können wir noch ein Weilchen bleiben. In Richtung Runkel und Limburg liegt vor uns der Rechtsbogen der Strecke mit dem Ausfahrsignal „E" und dem klassisch beschrankten Bahnübergang, links davon schweift der Blick zur Lahn und zur gegenüberliegenden Ortschaft. Richtung Arfurt und Wetzlar blicken wir auf den Kernbereich des Bahnhofs, also natürlich auf das Empfangsgebäude, die beiden durchgehenden Hauptgleise, das Überholgleis mit seinem Ausfahrsignal „D" in Fahrtrichtung Runkel, die Lade- und Nebengleise auf der Bergseite sowie im Hintergrund das lahnseitige Wärterstellwerk „Vo" mit den beiden Ausfahrsignalen „B" und „C" Richtung Arfurt. An der Kopframpe stehen zwei G-Wagen und ein Bauzugwagen, am dortigen Bahnsteigende werkelt ein Arbeiter an irgendeinem Signal oder Lampenmast. Noch vor unserem Umbauwagen-Zug, genau um 11.37 Uhr, hat sich hier ein einteiliger Schienenbus gen Limburg an den Bahnsteig gepirscht, zu dieser verkehrsschwachen Zeit am Vormittag scheint diese dieselbetriebene „Benzinschaukel" offensichtlich zur Bedarfsdeckung des Fahrgastaufkommens zu genügen.

Unser Blickwinkel vom Fußgängersteg erinnert ein wenig an den Blick auf eine Modelleisenbahnanlage und tatsächlich bietet der Bahnhof Villmar alle beliebten Elemente für einen Nachbau in kleinerem Maßstab: Ladegleise, Nebengleise, Anschlussgleise, Überholgleis, mechanische Stellwerke und Signale sowie Bahnübergang. Eingezwängt zwischen Lahn und Berghang führt die Strecke am Ostkopf des Bahnhofs auch gleich in den Villmarer Tunnel, optimaler und klassischer Eingang für einen Schattenbahnhof. Beschattet wurde der „Marktflecken" Villmar auch während des Baus der Lahntalbahn, als am 18. Februar 1861 ein verheerender Brand im Ort wütete und nach Schätzung der „Nassauischen Brandversicherungskasse" einen Schaden von 117.175 Gulden anrichtete. Kurz darauf wurde 1862 der Bahnhof Villmar fertiggestellt, der zunächst allerdings nur per Fähre oder Boot zu erreichen war, weil es hier noch keine Lahnbrücke gab. Diese wurde schließlich und endlich von

August 1894 bis Dezember 1895 erbaut, um dem Ort Villmar einen direkten Zugang zur Lahntalbahn sowie zu den Marmorbrüchen und Grundstücken „Überlahn“ zu ermöglichen – die nächste Brücke befand sich bislang nur im drei Kilometer entfernten Runkel. Die Baugenehmigung der Villmarer Brücke wurde übrigens schneller erteilt, nachdem der Bürgermeister Simon Dill und der Pfarrer Johannes Ibach beim Übersetzen über die Lahn mit ihrem Kahn gekentert und dabei beinahe ertrunken waren. Den „Lahnmarmor“ für die neue Brücke lieferten die „Nassauischen Marmorwerke“ (Inhaber Dyckerhoff & Neumann) aus ihren Steinbrüchen sowie den gemeindeeigenen Steinbrüchen rechts und links der Lahn. Die in ihrer Art in Deutschland herausragende Brücke ist seit 1985 als technisches Denkmal geschützt, rund vierzig Jahre früher verfehlte eine alliierte Fliegerbombe am 12. Dezember 1944 die Brücke nur knapp – möglicherweise war aber die Lahntalbahn das eigentliche Angriffsziel. Die Bezeichnung „Marmor“ für

*Unser Blickwinkel vom Fußgängersteg erinnert ein wenig an den Blick auf eine Modellbahnanlage und tatsächlich bietet der Bahnhof Villmar alle beliebten Elemente für einen Nachbau in kleinem Maßstab, wie Lade- und Nebengleise sowie mechanische Stellwerke und Signale und einen Bahnübergang*

der zum Bau verwendeten Lahnmarmor ist gesteinskundlich allerdings nicht korrekt, denn dieses Carbonatgestein ist nicht von einer „Gesteinsmetamorphose“ überprägt und daher schlichter Kalkstein. In der Steinverarbeitung werden polierfähige Kalksteine jedoch traditionell als „Marmore“ bezeichnet; die Bezeichnungen „Lahnmarmor“ und „Marmorbrücke“ sind daher in ihrer industriegeschichtlichen Bedeutung zu verstehen und geben dem Bauwerk heute einen werbenden Nimbus.
Doch zurück zum Bahnhof: Seine Bedeutung lag früher in der Verladung des in mehreren Steinbrüchen gewonnenen Villmarer Marmors, der von hier aus in alle Welt ging und unter anderem im Moskauer Kreml und im Empire State Building zu finden ist. Der einst also weltberühmte „Unica-Lahnmarmorbruch“ lag direkt am Bahnhof, natürlich mit Anschlussgleisen. Gelegen neben einem auch heute noch in Betrieb befindlichen Natursteinwerk, ist der „Unica-Bruch“ als Naturdenkmal geschützt und als einziger Lahnmarmorbruch für Besucher erschlossen. In seinem Innern ist der Kernbereich eines 380 Millionen Jahre alten fossilen Riffs (Massenkalk) aus dem Mitteldevon aufgeschlossen. Das 2004 eröffnete Lahnmarmormuseum zeigt die Entstehung, den Abbau und Anwendungsbeispiele des Lahnmarmors.

## Intakter Bahnhof

Auch in den Sechzigerjahren und bei unserem Besuch anno 1978 war der Bahnhof Villmar mit seinen Anlagen noch weitgehend „intakt“. Spätestens zur Jahrtausendwende und unter dem Einfluss der damals noch neuen „DB AG“ ging es auch ihm an den Kragen – beispielsweise wurde seit dem 21. Dezember 2004 der Fahrkartenschalter „aus Kostengründen“ geschlossen, aber der Fahrdienstleiter ist immer noch hier im mechanischen Stellwerk, das im Fachwerkanbau des Empfangsgebäudes installiert ist. Von hier aus werden, da Villmar nur mehr nur noch Blockstelle und Haltepunkt ist, nur noch zwei Signale und der Bahnübergang bedient – das Stellwerk ist in der Regel zwischen 5.00 und 22.30 Uhr besetzt. Das Empfangsgebäude steht – wie die ganze Lahntalbahn – unter Denkmalschutz und gleicht im Übrigen in seiner Architektur auch dem Bahnhof von Löhnberg.

**Links Mitte: Auf dem Stumpfgleis am Empfangsgebäude ein langes Umbauwagen-Schicksal, auf Gleis 1 Nahverkehrszug 6924 nach Limburg (21. Oktober 1985).**
**Links unten: Es ist Herbst geworden und die Arbeit der Landwirte macht auch am Bahnhof nicht Halt (5. November 1981).**

Das rettet es allerdings auch nicht vor dem allmählichen Verfall, was der heimischen Presse am 19. Juli 2012, also genau 34 Jahre nach unserem Besuch und dem Erleben von Umbau-Dreiachsern auf der Lahntalbahn, einige besorgte Zeilen wert war.

## Die Presse sorgt sich

„Vielleicht wäre es ja besser, der Bahnhof hätte den Krieg nicht überstanden. Denn so, wie er jetzt am jenseitigen Lahnufer von Villmar steht, ist er wahrlich keine Zierde. Der Putz bröckelt und gibt das Mauerwerk frei. Auch das Dach macht keinen guten Eindruck. Die Wohnung im Obergeschoss, wo einst der Bahnhofsvorsteher mit Familie wohnte, steht leer. Die Fenster sind speckig. Spinnweben hängen in den Ecken des Wartesaals, der wilde Wein ist so weit an der Nordfassade hinaufgeklettert, dass er das Dach erreicht hat. Kurz: Der Bahnhof ist in einem ungepflegten, vernachlässigten Zustand. Wer ist schuld? Eigentümer des Bahnhofs ist nicht mehr die Deutsche Bahn. Nach Angaben eines Bahnsprechers gehört der Bahnhof mittlerweile ‚Patron Elke SARL' mit Sitz in Luxemburg. Das ist – so schrieb es die Frankfurter Allgemeine – eine Immobilienfirma, hinter der ‚Patron Capital' steht, ein Immobilienkonsortium aus London. Patron hat in den vergangenen Jahren immer wieder Empfangsgebäude von der Bahn gekauft oder ersteigert. Dabei treten die Briten zusammen mit dem Hamburger Immobilienentwickler Procom auf. Im Landkreis Limburg-Weilburg gehört unter anderem auch das Bahnhofsgebäude in Löhnberg dem Konsortium. Bundesweit etwa 1000 Gebäude sollen in seiner Hand sein. 500 davon hat Patron direkt von der Bahn gekauft; weitere etwa 500 stammen aus der Insolvenzmasse der ‚First Rail Property', die zuvor bei der Bahn auf Einkaufstour gegangen war. ... Ein potenzieller Interessent, der seinen Namen nicht in der Zeitung lesen möchte, spricht beim Bahnhof Villmar von einem interessanten Gebäude, fürchtet aber die großen Auflagen. Bei einer Umnutzung des Bahnhofs, zum Beispiel als Wohngebäude oder für Gastronomie, würden aktuelle Standards und Auflagen angesetzt, zum Beispiel in Sachen Brandschutz. Hinzu kommt, dass die Bahn weiter mit ihrem Stellwerk und Teilen der Technik im Gebäude bleibt. 2011 wollte die Gemeinde den Bahnhof schon einmal selbst haben. Das neue Lahn-Marmormuseum sollte hier einziehen, wozu die Gemeinde den Bahnhof kaufen und an einen Unternehmer weiterverkaufen wollte, der den Bau dann saniert und an den Lahn-Marmor-Verein vermietet hätte, damit der hier sein Museum einrichtet. Doch der Verein sprang ab, weshalb Villmar sein Kaufangebot zurückzog."

## Der Gemeinde viel wert

Und dass der Bahnhof Villmar dem dazugehörigen Ort mehr wert ist als der „Bahn" selbst, beweist auch eine Aktennotiz der Gemeinde Villmar vom 19. Dezember 2014: „Der Marktflecken Villmar besteht weiterhin auf der Offenhaltung der Unterführung im Bereich des Bahnhofes Villmar. Die Bahnstrecke trennt den Bahnhof sowie einen Teil der Bebauung vom Ortskern Villmars ab. Es ist notwendig, diese Trennung so gering als möglich zu halten. Der bereits vor Jahren erfolgte Abbau des Steges hat die Situation verschärft. Umso notwendiger ist der Erhalt der Unterführung. Sie ermöglicht das Einleiten effektiver und schneller Rettungsmaßnahmen unabhängig vom Schienenverkehr. Die Schließung

Paddel-Freuden im Fluss und Bundesbahn-Freude „Limburger Zigarre" zwischen Villmar und Arfurt (517 als N 6965, 18. Mai 1980).

Eine Umbauwagen-Garnitur mit 216 hat den Bahnhof verlassen und taucht sogleich in den 228 Meter langen Villmarer Tunnel ein (27. Juli 1978).
FOTOS: JOACHIM SEYFERTH (6)

würde weiterhin auch die Wander- und Radwege und damit den Tourismus beeinträchtigen. Der Marktflecken Villmar ist daher erfreut darüber, dass sich auch die Untere Denkmalschutzbehörde gegen eine Schließung ausgesprochen hat. Selbstverständlich prägt die Lahntalbahn unsere Heimat. Zur Bahn gehören auch die charakteristischen Unterführungen."
Dass es einmal so weit beziehungsweise so deprimierend kommen würde, hätten wir uns am 27. Juli 1978 auf dem alten Fußgängersteg freilich nie gedacht. Immerhin befanden wir uns in der grundsätzlichen und freien Aufbruchstimmung der Siebziger, die zwar stets Modernisierungen, aber kaum substanzielle Niedergänge bereithielt. Selbst die damals angesagten „Bee Gees" erfanden sich neu und ersetzten ihren schmalzigen Softrock durch frischeren Disco-Sound – „Saturday Night Fever" rollte im Sommer 1978 durch alle Hitparaden bis an die Spitzenplätze. Und die Zeitungen vom 25. und 26. Juli dieses Jahres berichteten über die erste Geburt eines durch künstliche Befruchtung erzeugten „Retortenbabys" in London sowie über die Feministin Alice Schwarzer, die beim Landgericht Hamburg mit ihrer „Sexismus-Klage" gegenüber vermeintlich frauenfeindlichen „Stern"-Titelbildern scheiterte. Selbst hier im versteckten Lahntal war etwas von der

*Selbst im versteckten Lahntal war die progressive Zeit zu spüren, zumindest wenn den alten Umbauwagen Fahrgäste mit Schlaghosen und Miniröcken entstiegen*

neuen Progressivität zu spüren – und dabei erschienen die alten Umbauwagen noch nicht einmal unmodern, solange ihnen Fahrgäste mit Schlaghosen und Miniröcken entstiegen!
Schöne Ausblicke waren damals auch vom nahe gelegenen König-Konrad-Denkmal zu genießen, dass freilich noch höher als unser Fußgängersteg gelegen war und das man nach einer kleinen Wanderung durch den rund 1000-jährigen Ort Villmar und entlang der Landstraße in Richtung Runkel erreichte. 1894 wurde auf der „Bodensteiner Lay", einem flussabwärts Richtung Runkel und linkslahnisch gelegenen Felsen aus devonischem Massenkalk, ein Standbild König Konrads I. (911 – 918) errichtet. Rechts schweift der Blick auf den Gleisbogen der Lahntalbahn bis beinahe zum Bahnhof Villmar, linker Hand ist bereits Runkel zu erkennen. Viele Eisenbahnfotos sind von hier oben entstanden, heute erschwert zunehmender Bewuchs am Denkmal selbst sowie an der unten liegenden Bahnstrecke einen ungehinderten freien Blick.
Zurück im Ort Villmar genießen wir es wieder, direkt von der „berühmten" Marmorbrücke über die Lahn zu unserem vertrauten Fußgängersteg zu gelangen – hier kann man mehr als einmal stehen und staunen! Am hinten gelegenen Stellwerk „Vo" taucht ein Zug mit roter 216 und Silberlingen auf – kriegen wir den noch? Na klar, schon sind wir auf dem Bahnsteig und beenden einen schönen Sommerausflug an die Lahntalbahn, ein letzter Blick hinauf auf unsere kleine Brücke, die jetzt über den Silberling-Dächern des anfahrenden Zuges vorbeischwebt. Fortan werden die Fenster wieder zur Leinwand für eine verzückende Lahn-Landschaft, die kulissenhaft an uns vorbeizieht. Fast überall, fast an jedem Kilometerstein gibt es neue Entdeckungen, die weitere Pläne und zukünftige Reisen hierher generieren. Doch trotz aller Pläsier, trotz aller Begeisterung ahnen und spüren wir, dass nicht alles besser wird. ***Joachim Seyferth***

52

# BAD EMS 1979

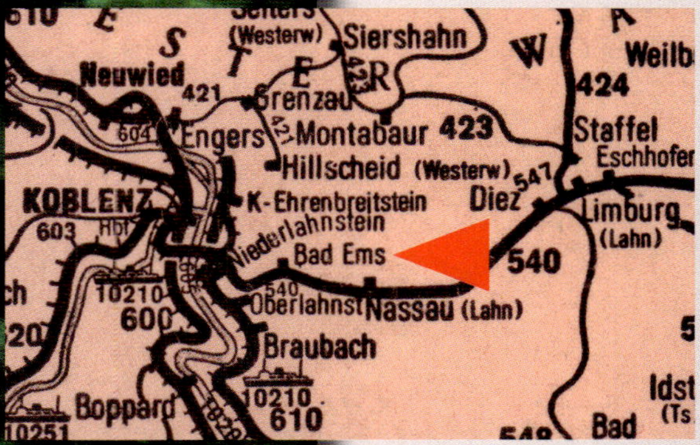


Das Mofa ist lauter als die Eisenbahn – leise surrt der Akkutriebwagen heran und noch leiser plätschert der Fluss im Tal der Lahn: Hauptstrecken-Idylle am Posten 52 zwischen Bad Ems und Bad Ems West anno 1979.

Fast lautlos surrt er heran, der Akkutriebwagen. Vor der Schranke tuckert ein Mofa, auf den Telegraphendrähten zwitschern die Vögel und sogleich wird man den Schrankenwärter im Vorbau seines Postens wieder die Kurbel leiern sehen. Alltag im Lahntal und in Bad Ems, genauer verortet am natürlich noch besetzten Posten 52 zwischen den Stationen Bad Ems und Bad Ems West. Wir schreiben Montag, den 20. August 1979, ein gleichwohl warmer wie wolkiger Sommertag. Jetzt recken sich die beiden rot-weißen Schrankenbäume wieder in die Höhe, die beiden Jugendlichen auf dem Mofa und dem Fahrrad sind längst verschwunden und erst die nächste Zugmeldung wird wieder ein wenig Bewegung in diese Szenerie bringen – Bewegung, die für die wenigen Straßenverkehrsteilnehmer freilich mit unfreiwilligem Stillstand verbunden ist.
Unfreiwillig und nahezu unbemerkt haben wir mit diesen ersten Zeilen nicht nur Eisenbahnfreunde, sondern auch die Liebhaber alter Technik- und Kulturgüter sowie die Sammler aussterbender Begriffe und Berufsbezeichnungen aufhorchen lassen: Akkutriebwagen. Mofa. Telegraphendrähte. Schrankenwärter. Noch vor wenigen Jahrzehnten gab es all dies noch zuhauf, doch zumindest die Generation Wisch muss derlei heutzutage „guuugeln", um doch nichts zu verstehen. Beim Auto ist der Akku ja scheinbar groß im Kommen, aber die Eisenbahn scheint die Innovationen bei dieser Technik verschlafen zu haben. In technischer Verwandtschaft hierzu haben die letzten Bauserien des Mofas, die ohnehin nur noch wie verkappte Mopeds oder Motorroller daherkommen, gegen das „E-Bike" keine Chance mehr. Telegraphendrähte gibt es allein schon wegen der Kupferdiebe nicht mehr und die letzten Schrankenwärter Deutschlands werden in illustren Reportagen der Medien als antiquierte Berufstätige zur Schau gestellt.

## Posten als Pilgerstätte

Gäbe es heute noch einen besetzten Posten 52 zwischen den Stationen Bad Ems und Bad Ems West, er wäre wie der Posten 55 Pilgerstätte für die Journaille und Hobbyfotografen. Posten 55? Ja, der ist nicht weit weg von hier, gerade mal vier Kilometer westlich in Miellen am Kilometer 91,8 zwischen den Bahnhöfen Nievern und Friedrichssegen. Und dort wird tatsächlich noch gekurbelt, ein Planungsfehler inmitten des aktuellen Modernisierungsprogramms entlang der Lahntalbahn hat dem alten Schrankenwärterhäuschen und seinem Personal noch eine Gnadenfrist beschert. Da dies kein Trost ist, kehren wir lieber ins Jahr 1979 und an unseren Posten 52 zurück, wo es nach nicht bestätigten Überlieferungen mitunter ein Zigarren-Treffen der besonderen Art gab, nämlich immer dann, wenn die legendäre „Limburger Zigarre" (ETA 176 bzw. Baureihe 517/817) je nach Dienstplan dem paffenden Schrankenwärter in Bad Ems begegnete.
Die rundlich-eleganten Nahverkehrstriebwagen befuhren damals noch die Lahntalbahn zwischen Koblenz und Gießen, eine für Akkufahrzeuge optimale „Flachlandstrecke" ohne nennenswerte Steigungen – eben immer an der Lahn entlang. Und das sogar mit bis zu vierteiligen Garnituren und auch im Eilzugdienst! Neben den leisen „Elektrischen" der Reihen 515 und 517 brummte zu Schwachlastzeiten auch der Schienenbus durchs Tal, lokbespannte Reisezüge verkehrten mit den Baureihen 211-213 sowie 216 und Güterzüge gab es natürlich auch noch, sogar an Sonntagen.
Unser Posten 52 war bei werktäglich rund 50 Zugfahrten im Zweischichtbetrieb von etwa 5.30 Uhr bis 22.30 Uhr besetzt, an Feiertagen konnte die Frühschicht ein wenig später zum Dienst erscheinen. Mondän wie in dem langgestreckten Kurstädtchen ging es dort allerdings nicht zu, wie überall war der Eisenbahn-Betriebsdienst auch hier völlig losgelöst von Rang und Nimbus der Umgebung. Die Kollegen von der Fahrkartenausgabe in Bad Ems „Hauptbahnhof" – ja die hatten schon viel eher mit gestelztem Publikum zu tun, das mit nach oben getragener Nase vornehmlich die Erste Klasse verlangte.

## Kleinste Bahnhofshalle im Land

Derlei betuchte und verwöhnte Kreise haben in der Vergangenheit wohl auch bewirkt, dass die vergleichsweise wenigen Bahnsteiggleise sogar mit einer Bahnhofshalle überdacht wurden, die zwar als kleinstes Bauwerk ihrer Art in Deutschland galt und immer noch gilt, dem zum wohlfeilen Kuren und Baden an- und abreisenden Publikum aber die standesgemäße Imagination vorgaukelten, an einem „richtigen" Hauptbahnhof Station zu machen. 1910 wurde die gerade einmal den breiten Mittelbahnsteig mit seinen beiden außenliegenden Gleisen – eines zur Fahrt gen Limburg, das gegenüberliegende zur Reise nach Koblenz – überspannende und tonnendachförmige Eisenkonstruktion errichtet, bis dahin schützte die hölzerne und kleinere Halle von 1875 die Reisenden vor schrecklichem und unzumutbaren Wetterunbill. Immerhin ein Fortschritt, denn als die Lahntalbahn im Juni 1858 das damalige

**Bad Ems „Hauptbahnhof" bei Tag: 213 338 posiert mit N 6933 an der kleinsten Bahnhofshalle Deutschlands, extra errichtet für das empfindliche Kur- und Badepublikum des mondänen Städtchens (21. Januar 1984).**

Etwas abseits vom Bad Emser Kurbetrieb kommt wieder die Eisenbahn-Idylle an der Lahn zum Tragen: Bunte Zug-Mischung mit 216 als Eilzug 3754 gen Koblenz am 1911 errichteten Stellwerk „Eo“, wie viele Stellwerke der Lahntalbahn „nah am Wasser gebaut“ (6. April 1982).

Weltbad Ems erreichte, mussten sich die Fahrgäste sowohl von Prunk als auch von Proletariat mit einem provisorischen Empfangsgebäude auf der Nordseite der Gleise begnügen.
Das heutige Bahnhofsgebäude, vom Architekten Heinrich Velde 1862 vollendet und mit seinen Abmessungen eher größeren Bahnanlagen würdig, steht heute einschließlich seinem Anbau, der früher als Fürstenbahnhof diente, unter Denkmalschutz. Als Kontrast hierzu wurde der Bahnhof nach dem Abriss „entbehrlicher“ Gleisanlagen um die jüngste Jahrtausendwende betrieblich gar zu einem Haltepunkt degradiert – und das mit dieser Bahnsteighalle! Reisende und Zaungäste mussten sich wie Preiser-Figuren auf einer äußerst sparsam begleisten Spielbahnanlage fühlen, die neben dem obligatorischen Alibi-Tunnel eben auch ein überdimensioniertes Empfangsgebäude nebst fast lächerlich wirkender Bahnhofshalle besitzt. Daran ändert auch die aktuelle signaltechnische Modernisierung der Lahntalbahn nichts, wonach Bad Ems inzwischen wieder als „Bahnhof“ gilt, weil irgendwo doch wieder ein oder zwei Weichen bzw. gar ein zusätzliches Gleis eingebaut wurde.
Eisenbahnhistoriker reiben sich verwundert die Augen, denn alte Unterlagen zeugen von bis zu 14 (!) Gleisen, die einmal in Bad Ems vorhanden waren und von denen die meisten freilich abseits des Publikumsverkehrs lagen und dem Güterverkehr sowie der Lokbehandlung dienten. Denn nach dem Umbau des Bahnhofs im Jahre 1910, der das anfängliche Provisorium von Gleis- und Abfertigungsanlagen beendete und jetzt dem wachsenden Kurbetrieb gerecht wurde, besaß der Bahnhof Bad Ems die benannten 14 Gleise, die unter anderem den neuen Güterbahnhof und die Ladestraße versorgten. Es gab eine große Versandhalle für die legendären heimischen Produkte „Emser Wasser“ und „Emser Pastillen“, die beiden Stellwerke „Ef“ und „Eo“ gingen 1911 in Betrieb. Waren vor dem Umbau schon rund zwei Dutzend Eisenbahner in Bad Ems beschäftigt, stieg deren Zahl danach stark an – beinahe waren sie schon nicht mehr „bei der Bahn“, sondern als Dienstleister für die umfangreichen Kurbetriebe beschäftigt!
Auch die benachbarte und 1897 eröffnete Station Lindenbach, die nach dem Zweiten Weltkrieg in Bad Ems West umbenannt wurde, unterstützte insbesondere beim Güterverkehr die wirtschaftliche und kulturelle Expansion von Bad Ems – hier wur-

*Einst gab es im Bahnhof Bad Ems 14 Gleise, dazu eine große Versandhalle für die legendären heimischen Produkte „Emser Wasser“ und „Emser Pastillen“*

Adäquat zur Stadt hatte einst auch ihr Bahnhof Kultur und wies unübersehbar auf seine Gastronomie hin, flankiert von nobler und historischer Architektur, welche vom „Weltbad" und der Sommerresidenz zahlreicher ehemaliger europäischer Monarchen und Künstler zeugt (11. Juni 1983).

den u. a. die Erze des einst bedeutenden Emser Blei- und Silberwerks verladen. Seit dem Zeitalter der Industrialisierung kam es hier zu einem umfangreichen Ausbau des Bergbaubetriebes, der ab 1871 als Emser Blei- und Silberwerk AG firmierte. 1909 wurde das Unternehmen von der späteren „Stolberger Zink AG" übernommen und bis zum kriegsbedingten Ende 1945 als Bergwerk weitergeführt. Auf der linken Lahnseite befanden sich die Gruben Malberg und Bergmannstrost (Lindenbach), rechts der Lahn die Gruben Neuhoffnung, Fahnenberg und Pfingstwiese (von dort stammen die „Emser Tönnchen"). Das Empfangsgebäude von Bad Ems West, in dem zuletzt noch ein Fahrdienstleiter für Weichen-, Signal- und Schrankenbedienung tätig war, wurde im Rahmen des sukzessiven und leider obligatorischen „Rückbaus" der Bahnanlagen im August 1994 abgerissen, heute ist Bad Ems West ein Haltepunkt.

## Asthmarutsche und Röchelexpress

Doch es gab und gibt noch mehr Schienen in Bad Ems, die zwar keinen technischen Anschluss an die Gleise der Reichs-, Bundes- oder sonstiger Eisenbahn hatten oder haben, aber dennoch ein Ziel für die nicht wenigen Eisenbahnfreunde, die sich von Schienen jedweder Art angezogen fühlen und in deren Nähe auch psychologisch heimisch wähnen, gewesen sein müssen. Da wäre zum einen die so genannte Malbergbahn, die exakt im Jahre unseres Einleitungsfotos – also 1979 – wegen nicht mehr finanzierbarer technischer Mängel stillgelegt wurde. Sie war eine Standseilbahn in Ausführung als Wasserballastbahn mit Leiterzahnstange nach dem System Riggenbach und verkehrte seit 5. Juni 1887 zum Hotel auf dem 350 Meter hoch gelegenen „Hohen Malberg". Die zweigleisige meterspurige Strecke war 520 Meter lang und überwand bei einer maximalen Steigung von 54,5 Prozent (545 ‰) einen Höhenunterschied von 260 Metern. Die Höchstgeschwindigkeit lag bis 1963 bei sieben km/h, ab 1963 bei zwölf km/h, die Durchschnittsgeschwindigkeit betrug 5,4 km/h. Das Betriebswasser zum „Antrieb" der Bahn wurde vom Tal zu einem Vorratsbassin auf dem Berg hochgepumpt. Als der TÜV Rheinland im Jahr 1979 aufgrund des Alters der Bahn schwere Mängel festgestellt hatte und die Stadt sich finanziell nicht in der Lage sah, diese zu beheben, wurde der Betrieb eingestellt. Am 7. Dezember 1981 wurde die Malbergbahn zum Industriedenkmal erklärt, im Jahre 1999 wurde sie oberflächlich renoviert. Ein Wagen der Bahn befindet sich heute auf dem Areal der Bergstation, die wegen Einsturzgefahr nicht mehr zugänglich ist. Der andere steht in der Talstation und ist stark vom Vandalismus gezeichnet.

*Statt der Bad Emser „Kaiserbahn", die als Trojanisches Pferd wie eine Eisenbahn daherkommt, unter ihrer Verkleidung aber einen gewöhnlichen Traktor samt Anhängern verbirgt, erfreuen wir uns hier lieber am richtigen Eisenbahnbetrieb auf der Lahntalbahn mit Akkutriebwagen und brummenden Diesellokomotiven*

Kaum wurde die Malbergbahn im Jahr unserer Zeitreise 1979 geschlossen, ging im gleichen Jahr die gegenüberliegende Kurwaldbahn in Betrieb. Auf 220 Meter Streckenlänge überwindet sie 132 Höhenmeter und ist damit mit 78 Prozent Steigung einer der steilsten Standseilbahnen der Welt. Die Talstation befindet sich versteckt hinter der denkmalgeschützten Fassade einer Hotel- und Wohnanlage, die Bergstation liegt auf der Bismarckhöhe, einem Kurgebiet mit Hotelanlage und Bismarckturm. Die bei Einheimischen kursierende volkstümliche Bezeichnung der Bahn lautet „Asthmarutsche" oder „Röchelexpress", wobei natürlich auf die an der Bergstation befindlichen Kliniken für Atemwegserkrankungen angespielt wird. Die meterspurige Bahn nach dem System Abt wird von der Überwachungszentrale in der Bergstation gesteuert. Die Strecke ist auf einer Stahlkonstruktion befestigt, welche wiederum auf 21 Fundamenten ruht. Jeder der beiden Wagen hat einseitig Räder mit Doppelspurkränzen und jeweils gegenüber spurkranzlose Rollen, die ein Überfahren der zungenlosen Ausweiche (Abt'sche Weiche) gestatten. Im Frühjahr 2005 wurde die Kurwaldbahn für ca. 1,5 Millionen Euro grundlegend renoviert. Hierbei wurden die Wagen der ersten Generation durch neue Fahrzeuge der Schweizer Firma Garaventa (Doppelmayr/Garaventa Gruppe) ersetzt. In den beiden Wagen können jeweils maximal 25 Personen befördert werden, pro Jahr werden rund 100.000 Fahrgäste befördert. In Blickrichtung Koblenz kann die Kurwaldbahn vom Bahnhof Bad Ems gesehen oder auch in ein Foto integriert werden, ihr steiler Streckenverlauf ist bei Dunkelheit illuminiert.

Mit Verachtung strafen werden wir allerdings jene „Bahn", die auch hier wie in vielen anderen touristischen Städten zur Belustigung der Kur- und Badegäste beiträgt: Die „Kaiserbahn", die als Trojanisches Pferd wie eine Eisenbahn daherkommt, unter ihrer Verkleidung aber einen gewöhnlichen Traktor samt Straßenanhängern versteckt und sich auspuffgeschwängert und tuckernd durch die Bad Emser Straßen schlängelt. Das Stadt-Marketing preist sie als „modernsten Ausflugszug Deutschlands" an, weil gleich von zwei Etagen aus – sozusagen als Doppelstockzug – eine hervorragende Sicht auf die Sehenswürdigkeiten des Kaiserbades möglich sei. Pfui Deibel!

Da kehren wir doch lieber an unseren unspektakulären Posten 52 anno 1979 zurück und erfreuen uns an der richtigen Eisenbahn mit Akkutriebwagen und brummenden Diesellokomotiven. Und vor der Heimfahrt werden wir im Empfangsgebäude von Bad Ems „Hauptbahnhof" – also jener Station mit der riesigen Bahnhofshalle – so mancher Dinge gewahr, die neben Mofas und Telegraphendrähten auch einmal zu den verschwundenen Alltäglichkeiten gehören sollten: ein Briefmarkenautomat der Deutschen Bundespost mit Leierkurbel sowie danebst der schlanke grüne Vivil-Automat. Nur zehn Pfennige kostete jahrzehntelang das kleine Päckchen Pfefferminz („frischgeatmet und frohgestimmt mit Vivil"), die Ausgabe lockte insbesondere die Lern- und Experimentierfreudigkeit von Kindern an: „Wenn Geldstück gefallen, Griffe zusammendrücken". Derlei Groschengräber sind heute längst selbst zu Grabe getragen, ihre Produktnamen nur noch legendär. Egal – auch wir haben uns in Bad Ems richtig gut erholt, und das ohne teure Kur und Körperpflege. Für unsere Genesung und unseren Seelenfrieden genügte ein Tag Frischluft an den zwei Paar Schienen der herrlichen Lahntalbahn, von uns selbst verordnet die jeweilige Vorfreude auf den nächsten Zug! ***Joachim Seyferth***

**Bad Ems „Hauptbahnhof" bei Nacht: Kunstlicht mit „Hasenkasten" (N 6937, 21. Januar 1984), Bahnhofsbeleuchtung und steiler Kurwaldbahn (rechts oben im Bild). Links: Automaten-Historie in der Schalterhalle.** FOTOS: JOACHIM SEYFERTH (6), REPRO: ARCHIV SEYFERTH

Balduinstein, 14. September 1979: Klassische Szene im Bahnhof mit dem Zwergsignal an der Lahntalbahn. Eine dreiteilige „Zigarre“ mit 517 005 an der Spitze wartet auf die Weiterfahrt.
FOTO: JOACHIM SEYFERTH

# BALDUINSTEIN 1979

Ein Bahnhof mit Signal und ein Zug. Für normale Betrachter eine nicht einzuordnende Szenerie, aufgenommen überall und nirgends. Eisenbahnfreunde – jedenfalls die meisten von ihnen – wissen allein schon anhand des zwergwüchsigen Formsignals und der „Zigarre“ sofort, wohin das Foto zu verorten ist: natürlich nach Balduinstein, gelegen an der Lahntalbahn zwischen Koblenz und Limburg, einer Strecke mit reicher Vergangenheit und wohl eher unspektakulärer Zukunft. Denn „schöner“ wird die Strecke keinesfalls mehr sein, ferngesteuerte Signal- und Schrankenanlagen werden das (noch) örtliche Bedienungspersonal verschwinden lassen und so genannte Stations-Sanierungen werden die schon jetzt halb verschüttete Substanz

Balduinstein von oben in einer alten Ansicht: Neben dem Fluss schlängelt sich die Bahnstrecke durchs Lahntal.

Wald, Land, Fluss und Eisenbahn: P 8-geführter Personenzug bei Balduinstein um 1925.
FOTOS: SAMMLUNG BARTEL (2)

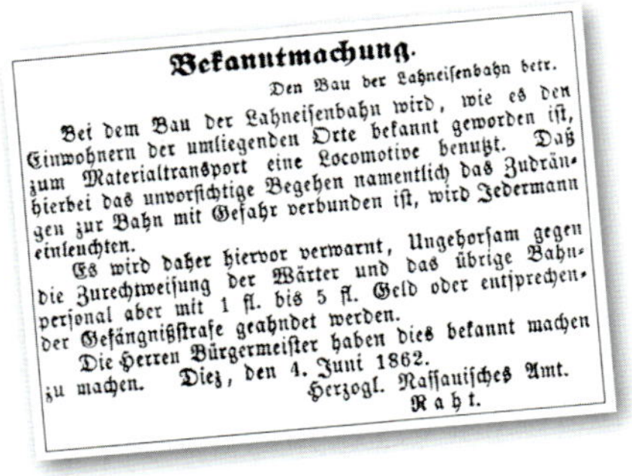

**Bekanntmachung.**

Den Bau der Lahneisenbahn betr.

Bei dem Bau der Lahneisenbahn wird, wie es den
Einwohnern der umliegenden Orte bekannt geworden ist,
zum Materialtransport eine Locomotive benutzt. Daß
hierbei das unvorsichtige Begehen namentlich das Zudrän-
gen zur Bahn mit Gefahr verbunden ist, wird Jedermann
einleuchten.

Es wird daher hiervor verwarnt, Ungehorsam gegen
die Zurechtweisung der Wärter und das übrige Bahn-
personal aber mit 1 fl. bis 5 fl. Geld oder entsprechen-
der Gefängnißstrafe geahndet werden.

Die Herren Bürgermeister haben dies bekannt machen
zu machen. Diez, den 4. Juni 1862.
Herzogl. Nassauisches Amt.
Raht.

Die Lahntalbahn wird gebaut: Bekanntmachung vom Juni 1862!
REPRO: ARCHIV SEYFERTH

historischer Bahnhofsinfrastruktur vollends verschwinden lassen. Natürlich auch in Balduinstein, wo demnächst ein neuer Außenbahnsteig – dort, wo auf dem nebenstehenden Eingangsfoto gerade der Käfer fährt – das Überqueren von Gleis 1 durch Reisende zu haltenden Zügen nach Limburg überflüssig machen soll.

In den Augen von uns Eisenbahnfreunden wird der Bahnhof nicht mehr wiederzuerkennen sein, ganz im Gegensatz zur Szene vom 14. September 1979, in der eine dreiteilige „Zigarre“ mit 517 005 an der Spitze zwei Reisende entlassen hat und zur Weiterfahrt bereit ist. Der Zugführer, beäugt vom Fahrdienstleiter an der Tür des Dienstraumes, hat eine Tür der mittleren Einheit geschlossen und läuft nun zum ersten „Wagen“, um von dort den Abfahrauftrag zu geben und nach der Abfahrt die Fahrkarten weiterer Fahrgäste zu kontrollieren. Auf der abschüssigen „Brühlstraße“ rollt ein Käfer zeitgemäßer Bauart in Richtung Bahnübergang und Ort, neben dem Verkehrsschild ist gerade noch das obligatorische weiß-schwarze Schild „DB-Anlage“ zu erkennen.

Natürlich ist das Ausfahrsignal so kurz geraten, damit die Lokführer sich nähernder Züge seine Stellung durch das Bahnsteigdach hindurch stets beobachten können, und natürlich sind die Fenster des Dienstraumes vergittert, weil der Fahrdienstleiter auch Fahrkarten verkauft und die Tageseinnahmen, so sie nicht am Nachmittag zur Post gebracht worden sind, nach Dienstschluss vor finsteren Gesellen geschützt werden müssen.

## Himmlische Ruhe

Was wir auf dem Bild allerdings nicht sehen, ist die himmlische Ruhe, die nach der summenden Abfahrt unserer dreiteiligen Zigarre und dem scheppernden Zurückfallen des Signalflügels hier am Bahnhof und auch andernorts in Balduinstein wieder einkehrt. Denn die einzigen durchgehenden Verkehrswege im Lahntal zwischen Wetzlar und dem Rhein sind die Lahn selbst und die Eisenbahn, also die zwei umweltfreundlichsten und leisesten Verkehrsträger, allen aktuellen hysterischen Lärmschutzdiskussionen zum Trotz. Die Durchgangsstraßen befinden sich weit entfernt oben auf der Höhe, Stichstraßen führen von dort hinunter zu den Orten an der Lahn und verlieren sich hier im meist historischen Ortsbild. Fast scheint es, als ob sich die Deutsche Bundesbahn eine lange Zeit mit ihren leisen Akkutriebwagen diesem akustischem Paradies angepasst hatte, denn unsere dreiteilige Zigarre war anno 1979 in der Wegfahrt kaum noch zu hören, die anfahrenden Autos am Bahnübergang und schnatternde Wasservögel waren viel dominanter. Leise plätschernd zogen zwei Paddler unter der Lahnbrücke am Bahnhof hindurch, weiter hinten wurden sie unten am Ufer von einem umtriebigen Mini-Hund bekläfft und auf der Hauptstraße wurde

Die Charakteristika der Lahntalbahn, Hauptbahn-Idylle und Flussromantik, kommen hier voll zur Geltung: 211 176 mit N 8930 am 22. Juli 1984, bei der Ausfahrt aus Balduinstein, über den nächsten Gleisbogen in einer Flusswindung hinweg fotografiert.
FOTO: JOACHIM SEYFERTH

der emsige Briefträger freudig von den wenigen Passanten begrüßt. Eine Viertelstunde später wurde diese Lahnromantik von Eisenbahnromantik abgelöst, denn nach dem Schließen der Schranken näherte sich aus Richtung Laurenburg ein bremsender Umbauwagen-Zug, geführt von einer noch weinroten 216. Nach dem Halt des Zugführers lauter Ruf „Balduinstein!!“, Schritte, laut und ungedämpft zuschlagende Stahltüren, Pfiff und das Anfahrgrummeln der Lok. Danach wieder die mittelalterliche Ruhe im Tal und am Fluss, die stille Idylle. In dieser Abgeschiedenheit konnten Eisenbahnfreunde ihre Züge über Jahrzehnte, wenn nicht gar jahrhundertelang in seltener akustischer Reinheit und Klarheit erleben – ein Eldorado für Tonaufnahmen, das freilich viel zu selten genutzt wurde. Besonders die ersten Züge in den frühen Morgenstunden waren kilometerweit durch das Lahntal zu hören und selbst den gegenüber Dampflokomotiven vergleichsweise leisen Schienenbus konnte man bereits bei der Abfahrt am weit entfernten Nachbarbahnhof vernehmen, insbesondere bei kalter und windstiller Morgenluft. Hier in Balduinstein waren lange hörbare Züge aus Richtung Laurenburg akustisch plötzlich verschwunden, denn dann befanden sie

Über allem thront seit eh und je die Schaumburg, erbaut etwa um das Jahr 915. Mit Burgblick, verschneitem Ortsbild und der mit N 6925 ausfahrenden 216 145 entsteht so etwas wie winterliche Lahntal-Mystik.

Kaum hat die 216 194 auf ihrer Fahrt gen Koblenz Balduinstein verlassen, erwartet sie am Cramberger Tunnel weitere Lahntalbahn-Idylle: Neben Kilometerstein und Fernsprechhäuschen dient das Oberteil eines alten G-Wagens für Tunnel-Gerätschaften (Sommer 1979).

FOTOS: JOACHIM SEYFERTH (3)

sich im längsten Tunnel der Lahntalbahn, dem 732 Meter langen Cramberger Tunnel. Nach ihrer Ausfahrt und dem Befahren des weiten Gleisbogens vor der Balduinsteiner Ortskulisse beherrschten sie jedoch das ganze Tal – ein Ohrenschmaus besonders dann, wenn die längst vergangenen Durchgangsgüterzüge von Oberlahnstein nach Gießen hier vorbeiratterten, egal ob dampfbespannt mit wehender Dampfwatte über dem ganzen Zug und dem ganzen Tal oder ob mit röhrendem Diesel aus der V 100- oder V 160-Familie.

Das akustische Schaubild von Zügen aus der Gegenrichtung, also aus Richtung Limburg und Fachingen, war geprägt vom Dröhnen der Eisenbahnbrücke über die Lahn am östlichen Bahnhofskopf von Balduinstein. Kurz darauf kamen sie dann am Empfangsgebäude quietschend zum Stehen oder rauschten im Fall von Eil- und Güterzügen vorbei, um nach dem Befahren der bekannten „Panoramastrecke“ entlang des Ortes wiederum im Cramberger Tunnel zu verschwinden. Neben den wenigen hier gezeigten Fotos ist die Zeitreise nach Balduinstein also auch in besonderem Maße akustisch geprägt und erwähnenswert – und sei es nur das metallische Zirpen und Schwingen der Drahtzüge zu den Formsi-

gnalen, das den nahe Balduinstein direkt neben der Strecke zeltenden Eisenbahnfreund aufhorchen ließ. Das anschließende historische Klangbild eines in Balduinstein anfahrenden P 8-Personenzuges, des vorbeibrausenden E 575 von Trier nach Westerland mit 01 oder eines heulenden ETA 176 kann an dieser Stelle freilich nicht adäquat genug vermittelt werden und obliegt der „schwärmenden" Fantasie des Lesers ...
Eisenbahnakustik der ganz frühen Art beherrschte Balduinstein im August 1857, als die Tunnelarbeiten für den Cramberger Tunnel – wie erwähnt das längste Tunnelbauwerk der Lahntalbahn – begannen, der eine weite Lahnschleife abkürzt und im Mai 1862 fertiggestellt war. Hierzu schreibt der Heimatkundler Willi Bode in seinem 2011 erschienenen Buch „Balduinstein" (siehe Kasten am Schluss dieses Beitrags): „Die vorherrschende Bauweise im Tunnelbau war der Sprengvortrieb mit Schwarzpulver. Dafür mussten jedoch sämtliche Bohrlöcher mühsam mit Hammer und Meißel ins Schiefergestein geschlagen werden. Für diese schweren und gefahrvollen Arbeiten wurden italienische Mineure, Tiroler und Schweizer Spezialisten ebenso eingesetzt wie Bergleute und Facharbeiter aus allen Teilen Deutschlands und des Herzogtums Nassau. Als Arbeitskräfte waren in der Schießarbeit geübte Bergleute, Steinbrecher und Tagelöhner gesucht. Beschäftigt waren auf der größten Tunnelbaustelle der Lahntalbahn aber auch arbeitslose einheimische Bergleute, Handwerker, Kleinbauern sowie zahlreiche Tagelöhner aus Balduinstein und den umliegenden Gemeinden. Die genaue Zahl lässt sich nicht exakt ermitteln, doch dürften es weit mehr als hundert Männer gewesen sein, die im Tunnel arbeiteten und draußen am Lahnufer mit dem Abraum die Bahndämme aufschütteten."

## Über allem die Schaumburg

Und über all dem thront seit eh und je die Schaumburg, die der aussteigende Reisende am Bahnhof Balduinstein sogleich auf der Höhe über dem Ort wahrnimmt. Sie geht etwa auf das Jahr 915 zurück. Erzherzog Stefan von Österreich erhob die Schaumburg 1848 zu seinem Wohnsitz, das Schloss wurde zum Adelstreffpunkt und später zum beliebten Ausflugsziel. 1990 war die Gemeinde Schaumburg mit sieben Einwohnern die kleinste Gemeinde in Rheinland-Pfalz. Am 1. Juli 1991 erfolgte dann der Zusammenschluss der Gemeinde Schaumburg mit der zu diesem Zeitpunkt gerade einmal zwei Einwohner zählenden Gemeinde Balduinstein. Diese verlor bei Hunger und Pest im 17. Jahrhundert bis

*Nach einer Zugabfahrt herrscht hier wieder die mittelalterliche Ruhe im Tal und am Fluss. Eine stille Idylle und Abgeschiedenheit, um Züge in seltener akustischer Reinheit und Klarheit erleben*

auf acht Familien alle Einwohner, heute bewohnen rund 600 Menschen den Ort. Wer nicht auswärtig arbeitet, lebt vom Fremdenverkehr, denn Industrie gibt es hier nicht mehr: Bereits 1875 wurde der Eisenerzabbau beendet, dem 1927 die Einstellung des Marmorabbaus folgte.
Nicht vom Abbau bedroht soll das Wärterstellwerk „Bo" in Balduinstein werden: Als Ende 2009 die Nachricht aufkam, dass dieses Stellwerk gemeinsam mit anderen Dienstgebäuden entlang der Lahntalbahn zum Abbruch vorgesehen war, fanden sich über ein Eisenbahnforum mehrere interessierte Eisenbahnfreunde zusammen, um dieses „Lahn-typische" Stellwerk zu retten. Hierzu wurde im Februar 2010 der Verein „Arbeitsgemeinschaft Mechanische Stellwerke e.V." gegründet und das Stellwerk „Bo" von der DB angemietet. Einst wurde es 1913 eingeweiht und ging zum 1. September 2003 außer Betrieb. 1929 wurden Bedienungsanlagen der Bauart „Bruchsal J" eingebaut, später wurde zur Bedienung der Weichen mit neuem Elektroantrieb ein kleines Drucktastenstellwerk Dr S2 von Siemens nachgerüstet. Seit der Außerbetriebnahme von „Bo" bedient der Fahrdienstleiter vom Empfangsgebäude aus sämtliche Weichen und Signale des Bahnhofs. Im Netz ist das aktuelle Restaurierungs-Tagebuch der engagierten Eisenbahnfreunde für das gerettete Wärterstellwerk nachzulesen (Stand 13.07.2013): „Fensterkitt am südlichen gleisseitigen Fenster erneuert, Dachfensterscheiben neu eingesetzt, Dachfensterrahmen lackiert."
Anno 1979 war dieses Stellwerk selbstverständlich noch in Betrieb und der Lokführer unserer dreiteiligen Zigarre vom Eingangsfoto wurde in Balduinstein gleich von zwei diensthabenden Eisenbahnern begrüßt – eben vom Weichenwärter auf „Bo" und vom Fahrdienstleiter im Empfangsgebäude. Natürlich wurde von diesem selbstverständlichen Leben und Wirken der „kleinen Leute" im September 1979 in den Medien (leider) nicht berichtet, denn ob sich die Einwohner Balduinsteins tatsächlich und vehement für den Vorbeiflug der Raumsonde „Pioneer 11" am Saturn, das Doppelbesteuerungsabkommen zwischen der Bundesrepublik und Sri Lanka sowie einen Präsidentenwechsel in Afghanistan interessierten, darf stark bezweifelt werden. Da war der Heizölpreis mit 28 Pfennig pro Liter oder der neue Winterfahrplan der Deutschen Bundesbahn dem Leben der Lahn-Anwohner schon näher. Fuhr der Frühzug nach Limburg weiter zur gleichen Minute ab oder kam man am späten Sonntagabend noch von Koblenz zurück nach Balduinstein? Ganz egal, ob vorne eine 212, eine 216 oder gar eine „Pioneer 11" den Zug zog. Oder ob eben gleich der ganze Zug aus „Zigarren" bestand ...
So stehen wir wieder am Ende der Lahnbrücke vor dem Bahnübergang in Balduinstein, links das Empfangsgebäude mit seinem Markenzeichen, dem kleinwüchsigen Ausfahrsignal. Rechts der Ort, der sich entlang der Lahn und in ein Seitental schmiegt, darüber die erhabene Schaumburg. Noch erhabener an unserem Standpunkt ist aber der aufgerichtete Schrankenbaum, der von Autofahrern am allerliebsten in dieser Stellung gesehen wird.
Wir Eisenbahnfreunde aber wünschen uns insgeheim und jederzeit nichts lieber als dessen Niedergang, gefolgt von der laut scheppernden Fahrtstellung des Zwergsignals. Was wird kommen – ein „Akku" der Reihe 515, eine einzeln fahrende Köf, ein Güterzug? Das waren die schönsten Momente bei der Eisenbahn. Denn Balduinstein war überall – eine Metapher für die klassische Eisenbahn! ***Joachim Seyferth***

Balduinstein hat weit mehr zu bieten als die Eisenbahn: Wanderwege entlang der Lahn und auf die Höhen laden zur körperlichen und seelischen Ertüchtigung ein, die wettergeschützte Karte am Bahnhof macht es dem Suchenden leicht (31. Oktober 1982.

# ANGERTAL 1982

Der bekannteste Punkt der Angertalbahn ist der Abzweig Anger nahe Ratingen. 221 125 erreicht die Betriebsstelle mit einem Ganzzug vom Abzweig Tiefenbroich, links das Gleis nach Ratingen West (17. April 1982).

Abzw. Anger

221 149 durchfährt den Bahnhof Flandersbach, der übrigens heute noch als einziger Bahnhof der Angertalbahn besetzt ist (17. April 1982).

Niemand ist gerne verkalkt. Doch unsere Erde ist es gerne, als Bodenschatz ist das weiße Gestein hoch begehrt und nützlich. Und ausgerechnet in einem Gebiet zwischen dem Niederrhein, dem Bergischen Land und dem Ruhrgebiet befindet sich das größte Kalksteinabbaugebiet in Europa, dessen Zentrum die rund 20.000 Einwohner zählende Stadt Wülfrath im Kreis Mettmann ist. Seit Ende des 19. Jahrhunderts wird in ihrem Umkreis der Kalk in verschiedenen Steinbrüchen zu Tage gefördert – freigelegt nach der schier endlosen Zeit vor 390 bis 330 Millionen Jahren, als dieses Gebiet noch auf dem Grund eines Ozeans lag und der weiße Stoff aus den Überresten von Korallen und Muscheln entstand.

Im erdgeschichtlichen Wimpernschlag unserer Zeit ist diese Gegend nicht mehr nass, nicht mehr weiß und schon gar nicht schwarz, wie es das in Nachbarschaft liegende Ruhrgebiet vermuten lässt. Nein, hier ist es so grün, dass man sich keinesfalls in einer Industrie-, sondern eher in einer Fremdenverkehrs- oder Ferienregion wähnt. Und tatsächlich ist das Angertal zwischen Wülfrath und Ratingen der grüne Vorgarten des Ruhrgebiets und dazu noch ein ausgewiesenes Naturschutzgebiet. Seinen Namen verdankt es dem Angerbach, von den Einheimischen nur kurz Anger genannt. Das etwa 35 Kilometer lange Flüsschen strebt von Wülfrath aus dem Niederrhein zu und schlängelt sich ebenso wie unsere Bahnlinie durch dieses kleine und unerwartete Paradies. Weit und breit keine Straßen, ab und zu einsame Anwesen und Gehöfte, parkähnliche Lichtungen und Wildwuchs beinahe wie im Urwald.

## Alle zwanzig Minuten ein Zug

Doch etwa alle zwanzig Minuten dröhnt es im Tal. Wir schreiben das Jahr 1982 und die Angertalbahn ist hinsichtlich der Traktion der Güterzüge noch fest in der Hand der Deutschen Bundesbahn, denn es kommen fast ausschließlich Diesellokomotiven der Baureihen 215, 216 und 221 hauptsächlich aus den Bahnbetriebswerken Gelsenkirchen-Bismarck und Oberhausen-Osterfeld Süd zum Einsatz. Insbesondere die dicke V 200, mal noch in klassisch weinroter Farbgebung, mal im optischen Zweiteiler Türkis/Beige, ist hier der favorisierte Blickfang für Eisenbahnfreunde, obwohl diese einstige stolze Schnellzuglok bei ihrem gemächlichen Tempo vor kalkverstaubten Güterwagenschlangen durch den „Dschungel" des Angertals schon ein wenig deplatziert und abgeschoben wirkt. Doch ihr sonores Brummen, durch die Flanken des Tals und der Wälder schon von weitem reflektiert, gibt ihr – sofern sie nicht als Lokzug ohne Wagen durchs Tal schleicht – bei der eindrucksvollen Vorbeifahrt ihre Würde zurück. Lz-Fahrten sind übrigens zahlreich, fast jeder zweite Zug ist eine „leer" fahrende Lok, die jeweils Minuten zuvor meist einen unbeladenen Güterzug zum großen Kalksteinwerk bei Flandersbach gebracht hat oder umgekehrt auf dem Weg dorthin ist, um einen beladenen Zug abzuholen. Wir stehen am Waldrand beim fotogenen „Abzweig Anger" mit seinem relativ großen Stellwerk und den beiden Ausfahrsignalen ins Angertal. Das linke Gleis führt in weitem Bogen südwärts nach Ratingen West (also für Züge in Richtung Düsseldorf/Köln), das rechte Gleis führt sozusagen spiegelverkehrt zum Abzweig Tiefenbroich und wird von Zügen nach und aus dem Ruhrgebiet befahren. Aus dieser Richtung rollt auch die schmucke 221 125 mit ihrem Ganzzug heran und kommt grollend vor dem Ausfahrsignal zum Stehen – entweder ist ein Gegenzug in Richtung Ratingen West abzuwarten oder ein Zug in gleicher Fahrtrichtung fährt noch auf „Abstand". Der eher provisorisch angelegte „Bahnübergang" im Vordergrund ist mit Hinweistafeln unbürokratisch gesichert und dient wohl nur der Landwirtschaft einschließlich Weidevieh. Überraschend rasch wird Hp 1 gezogen und die 2700 PS unseres Schmuckstücks bringen den Zug wieder souverän in Bewegung. Der letzte Wagen hat schon beinahe Streckentempo drauf, der Signalflügel scheppert zurück und hier am Wald kehrt wieder die stille und beruhigende Übereinkunft zwischen Zugpause und Vogelgezwitscher ein. Ja, eigentlich ist dieses Stellwerk ein Ferienhaus – doch dazu später mehr.

*Ein Eisenbahnfreund unter den Bundesbahnern, die auf Dienststellen der Angertalbahn arbeiteten und hier noch die ausklingende Dampflokzeit erlebten, weiß begeistert zu berichten: „Eines der schönsten Stellwerke, auf denen ich Dienst verrichtete, war die Abzweigstelle Anger in Ratingen"*

Noch werden hier Hebel geschwungen, für die meisten Eisenbahner eine Arbeit wie überall. Doch auch unter den Bundesbahnern gibt es Eisenbahnfreunde, was damals wie heute keine Selbstverständlichkeit war und ist. Einer von ihnen heißt Uli Schimschock, er hatte hier im Dienst noch die ausklingende Dampflokzeit erlebt und weiß gleichermaßen informativ wie begeistert zu berichten: „Eines der schönsten Stellwerke, auf denen ich Dienst verrichtete, war die Abzweigstelle Anger in Ratingen. Als 21 Jahre junger DB-Assistent fing ich nach Ausbildung (1972 – 1974) und Wehrdienst (1974/75) im Januar 1976 beim damaligen Bahnhof Ratingen West als Fahrdienstleiter an. erster Dienstposten war die Abzweigstelle Tiefenbroich.

Am einsamen Bahnübergang bei Auermühle dieselt 216 033 mit ihrem Ganzzug zu Berg (7. August 1981).

DB
221 108-4

Linke Seite: Lz-Fahrten waren und sind auf der Angertalbahn häufig anzutreffen: Hier fährt 221 108 im Zweiteiler-Look durch die Wildromantik bei Auermühle (7. August 1981).

Nebenbahn-Charakter mit schweren Dieselloks: Zwischen Ratingen und Auermühle bringt 221 120 einen E-Wagen-Ganzzug zum Kalkwerk Rohdenhaus (15. September 1981).

Fachwerk-Idylle im Tal bei Auermühle: Zur Dampflokzeit wäre das Bettzeug wohl von Ruß und Asche dreckig geworden (7. August 1981).

Hoch über dem Tal thront das Angerbach-Viadukt der Autobahn A 3, darunter 216 033 auf Talfahrt in Richtung Abzweig Anger (7. August 1981).

Die dominierende Fahrzeug-farbe im Angertal ist Weiß – ähnlich dem früheren „Fotografieranstrich" von Loks (Hofermühle, 17. April 1982).

Im März 1976 wurde ich dann auch ‚auf Anger', wie es damals hieß, ausgebildet. Zur Fahrt von Ratingen West nach Hofermühle gab es das Blocksignal A (Hp0 oder Hp2), von Abzw Tiefenbroich nach Hofermühle das Blocksignal B (Hp0 oder Hp1) und aus Richtung Hofermühle das Blocksignal C mit den beiden Fahrtmöglichkeiten nach Tiefenbroich (Hp0 oder Hp1) und Ratingen West (Hp0 oder Hp2). Also hatte man vier Signalhebel auf der Hebelbank. Die erste Weiche war die Verbindung der beiden Streckengleise, die zweite führte vom Ratinger Streckengleis in den Anschluss Cromford und diente auch als Flankenschutzweiche für Fahrten von und nach Tiefenbroich. Die Strecke nach Ratingen West war ohne Streckenblock, die Zugfolge wurde also nur durch das Zugmeldeverfahren geregelt. Die Strecken nach Tiefenbroich und Hofermühle waren mit Streckenblock der Einheitsbauform ausgerüstet."
Da hört man doch gerne zu. Also lauschen wir unserem „Uli" ruhig weiter, denn jetzt erzählt er von den Loks und Zügen vor seinen Stellwerksfenstern „auf Anger": „Der normale Zugverkehr waren die Kalkzüge, Leergüterzüge und einige wenige Frachtenzüge, damals noch teilweise mit Stückgutwagen, und die leer fahrenden Lokomotiven. Der überwiegende Anteil lief in der Relation Ruhrgebiet – Flandersbach über den Abzw Tiefenbroich, von und nach Ratingen West fuhr damals täglich ein Leerzug nach und ein Kalkzug von Flandersbach mit Ziel Köln Kalk Nord. Die Verkehrstage der meisten Züge unterlagen dem ‚Abfuhrprogramm Kalk', einer Fahrplananordnung, die mit den Kunden abgestimmt war. Darüber hinaus verkehrten Sondergüterzüge, die kurzfristig eingelegt wurden. Diese Züge waren damals die interessantesten für mich, denn es konnte mit Dampflokbespannung gerechnet werden. Im Planbetrieb war seit Herbst 1975 die Angertalbahn verdieselt, es fuhr keine Dampflok mehr. So nahm ich zu einigen Diensten die Kamera mit, um die letzten 50er auf einem wunderschönen Streckenstück zu fotografieren. Da die Abzweigstelle Anger über keinen Fernschreiber verfügte, mit dem die Fahrplananordnungen der Sonderzüge bekanntgegeben wurden, bekam man erst über die Zugmeldung mit, dass ein Sonderzug verkehrte.

## Dampf oder Diesel?

Die Nachbarfahrdienstleiter in Tiefenbroich und Hofermühle wurden dann befragt, ob der Zug mit Dampf oder Diesel bespannt war. Nicht wenige meiner Kollegen hielten mich wegen meiner Vorliebe für Dampfloks für einen Spinner, dennoch haben sie meine Anfragen stets beantwortet, manchmal rief sogar der Fahrdienstleiter Lintorf extra an: ‚Kamera fertig machen, Zug ist dampfbespannt!'

*Das Stellwerk wie ein Ferienhaus: „Die Natur rund um das Stellwerk war faszinierend. Die Pflanzen in ihrem jahreszeitlichen Wechsel und die unterschiedlichsten Tiere. Wie oft habe ich in Zugpausen Reh, Fuchs, Marder, Feldhase, Igel und Co. beobachten können"*

Das Stellwerk Abzw Anger war 1976 rund um die Uhr besetzt von montags 4.30 Uhr bis samstags 21.30 und sonntags von 9 bis 14 Uhr. Pro Werktag fuhren etwa 20 bis 30 Züge, an Spitzentagen auch darüber. Der Spätdienst (13 bis 20 Uhr) hatte immer am meisten zu tun, der Frühdienst (6 bis 13 Uhr) war durchschnittlich und der Nachtdienst eher zum Ausruhen – wenn man Glück hatte, fuhr zwischen 23 und 4 Uhr kein Zug, dann kam man morgens ausgeschlafen vom Nachtdienst nach Hause! Faszinierend waren die Natur rund um das Stellwerk, die Pflanzen in ihrem jahreszeitlichen Wechsel und die unterschiedlichsten Tiere: Wie oft habe ich in Zugpausen beobachten können, wie Reh, Fuchs, Marder, Feldhase, Igel und Co. ihren Geschäften nachgingen. Ja, es war eine schöne Zeit auf Abzw Anger. 1979 war für mich Schluss dort, aber als junger aufstrebender Eisenbahner will man auch mal dahin, wo Aktion ist."
Wenigstens einer, der seinen Dienst und Aufenthalt „auf Anger" zu schätzen wusste! Denn heute ist das betrieblich nicht mehr benötigte Stellwerk tatsächlich eine Art Ferienhaus, ja sogar ein Wohnstätte geworden. Aber den beiden Bewohnern ist die „Pfeiferei" der Züge am nahen Bahnübergang ein Dorn im Auge, sie forderten im Jahre 2011 dessen Beseitigung und eine andere Zufahrt der Landwirtschaft zu den Wiesen und Feldern. Seltsam: Vergleichsweise zieht niemand an eine Straße und fordert ein Hup- oder gar Fahrverbot für Autos und Lkws. Die egoistische Seite der ohnehin fragwürdigen Bahnlärm-Debatte hat also inzwischen leider auch die Angertalbahn erreicht ...
Da hätten die beiden Neu- oder besser gesagt Wutbürger mal die Dampflokzeit „am Anger" erleben sollen: Neben den Pfiffen donnernde Auspuffschläge, abblasende Sicherheitsventile, quietschende Radreifen und dergleichen mehr! Die kleinen T 3, T 9 und T 13, die nach der Inbetriebnahme der Angertalbahn am 28. Mai 1903 die Personen- und Güterzüge durchs Tal beförderten, waren in akustischer Hinsicht ja noch eher moderat. Dann jedoch kamen Loks der Baureihe 94 (Bw Ratingen West) sowie die hier eher unbefriedigende Baureihe 82 zum Einsatz, gefolgt schließlich von der Baureihe 50 (Bw Düsseldorf-Derendorf, später Bw Duisburg-Wedau). Der letzte außerplanmäßige Dampflokeinsatz mit der Baureihe 50 im Güterverkehr fand am 25. August 1976 statt, danach übernahm Kollege Diesel unter anderem noch mit den Vorserien-216 (Lollo) das Kommando bei der Traktion auf der Angertalbahn. Am 30. Mai 1988 endete hier schließlich auch der Einsatz der von Eisenbahnfreunden begehrten Baureihe 221, übrig blieben Loks aus der V 160-Familie, die im Laufe der neueren Zeit mehr und mehr von den ehemaligen Reichsbahn-Maschinen der Reihe 232 und vor allem von neuen Privatbahn-Lokomotiven abgelöst wurden.

## Güterverkehr dominierte stets

Im Gegensatz zum Güterverkehr spielte der Personenverkehr zwischen Ratingen West und Wülfrath nur eine geringe und vor allem temporäre Rolle: Der Fahrplan ab 1. Juni 1923 wies gerade mal sieben Züge in beiden Richtungen auf und bloß einer davon befuhr die Gesamtstrecke, die anderen sechs verkehrten nur zwischen Wülfrath und Hofermühle. Im Sommer 1938 wies der Personenzugfahrplan den Höchststand von fünfeinhalb Zugpaaren auf der Gesamtstrecke auf; doch nachdem drei Jahre nach dem Zweiten Weltkrieg wegen Materialmangel gar kein Personenzug auf der Angertalbahn fuhr, verkehrte hier im Sommer 1950 nur noch ein Zugpaar, dabei wurde der Personenwagen auch noch

**Rechte Seite oben: Schon kilometerweit sind schwere Züge im Tal zu hören: 216 035 mit Kalkzug bei Ratingen am 17. April 1982. Heute rollt moderne Dieseltraktion im Angertal – die Strecke indes ist reizvoll wie eh und je: Traxx-Diesellok 285 116 mit Kalkzug am 15. April 2015.**

216 035-6

Im Vorgarten des Ruhrgebiets ist Industrie oft in der Natur versteckt: 221 129 als Lz nach Rohdenhaus bei Ratingen (7. August 1981).

Güterzügen beigestellt. Ab 1. Dezember 1952 war dann nur noch die Mitfahrt mit Sonderbescheinigung im Güterzugbegleitwagen möglich und im September 1955 wurde der Personenverkehr endgültig eingestellt. Sonderzüge im Personenverkehr gab es jedoch in mannigfaltiger Form, etwa Pilgerzüge nach Neviges, Dampflok-Pendelfahrten am 23. Mai 1976 anlässlich des 700-jährigen Ratinger Stadtjubiläums, Sonderfahrten der DGEG und von Eisenbahn-Verlagen, Akkutriebwagen-Abschiedsfahrten oder Sonderzüge anlässlich des 90-jährigen Bestehens des Gleisanschlusses der Kalkwerke in Rohdenhaus im Jahre 1995. Bevor wir uns nun „vom Anger“ auf Streckenwanderung in Richtung eben dieses bedeutenden Kalkwerkes begeben, sei noch erwähnt, dass die Verbindung zur Abzweigstelle Tiefenbroich erst am 15. Januar 1941 in Betrieb ging – Züge aus und ins Ruhrgebiet also vorher in Ratingen West Kopf machen mussten. Heute ist nur noch der Ast nach Tiefenbroich in Betrieb, die Strecke „vom Anger“ nach Ratingen West wurde hingegen am 9. Januar 1983 – also nur kurze Zeit nach unserer Zeitreise – stillgelegt und später abgebaut.

## Altehrwürdiges Steinviadukt

Schon wenige hundert Meter nach unserem Marsch auf Wegen und durchs Gebüsch parallel zur Strecke stoßen wir auf den einzigen und mit 19 Metern nur kurzen Tunnel „Brücker Mühle“, der die S-Bahn-Strecke von Düsseldorf nach Essen-Kettwig unterquert. Bald darauf folgt das Anschlussgleis der Papierfabrik Bagel, die allerdings zwei Jahre nach unserem Besuch (also im Jahre 1984) ihren Betrieb einstellte. Und nach nur einer knappen halben Stunde Wanderung – zwischenzeitlich hatte uns eine Lz fahrende und im Tal munter pfeifende 216 nach Rohdenhaus überholt – erreichen wir einen buchstäblich weiteren Höhepunkt der Strecke, die 38 Meter hohe Angertalbrücke der A 3, ausgeführt noch als altehrwürdiges Steinviadukt und daher durchaus eines der Hauptfotomotive dieser Strecke.

Immer noch erstaunt über diese beinahe wildromantische Landschaft am Rande des „Potts“ und über die vielfältige und üppig wachsende Flora, die gelegentlich von idyllisch gelegenen Gehöften und dazugehörigen aufgeräumten Wiesen mit offensichtlich glücklichen Pferden unterbrochen wird, schlagen wir uns bis zum Kreuzungsbahnhof Hofermühle bei Kilometer 9 durch. In die Bahnhofseinfahrt aus Richtung Wülfrath rollt gerade eine zurückkehrende Sperrfahrt in Form eines gelben Schwerkleinwagens mit angehängtem K-

Wagen, auf dem ein Lkw mit Betonmischtrommel steht – größere Zugpausen werden mitunter dazu benutzt, Schwachstellen am Oberbau dieser durch den schweren Güterverkehr stark beanspruchten Strecke zu beseitigen. Wenige Minuten später brummt eine rote 221 mit einem langen E-Wagen-Leerzug durch den Bahnhof, der Lokführer auf dem hoch liegenden Führerstand grüßt lässig den Fahrdienstleiter und die anderen Eisenbahner, die sich neben dem Schwerkleinwagen am ehemaligen Hausbahnsteig zu einem Schwatz versammelt haben.

Auf den nächsten drei Kilometern bis zum Bahnhof Flandersbach wird die Landschaft ein wenig offener und weiter, auch die weitläufigen und hohen Bauten des großen Kalkwerkes bestimmen allmählich das Panorama. Drei Mal noch kreuzt die Strecke den munteren Zickzack-Verlauf des Flüsschens Anger, dann folgt der ebenso besetzte Bahnhof Flandersbach mit seinen vier Gleisen, die für Zugkreuzungen und zum vorübergehenden Abstellen von Zügen (Abruf durch das Kalkwerk Rohdenhaus) dienen. Denn bereits nur einen Kilometer weiter befindet sich mit dem Anschluss der Rheinischen Kalksteinwerke GmbH das prinzipielle Ende der Angertalbahn; hier beginnen und enden alle Züge, denn die kurze Reststrecke bis Wülfrath wird auch im Jahr unserer Zeitreise nur noch sporadisch befahren. Das weitläufige Schienennetz des Kalkwerkes (heute Rheinkalk GmbH & Co. KG) umfasst rund 20 Kilometer mit rund 70 Weichen, ein 1955 errichtetes Werksstellwerk lenkt die Zug- und Rangierfahrten.

*Noch bis ins Jahr 2048 soll das weiße Gestein hier abgebaut werden. Der Löwenanteil der Kallsteinförderung geht auf die Schiene, auf ein einziges Streckengleis – das der Angertalbahn*

Hier war im Jahre 1982 und hier ist auch heute noch alles – und dies sehr gerne – verkalkt. Noch bis ins Jahr 2048 soll das weiße Gestein hier abgebaut werden, rund 440 Mitarbeiter müssen hier täglich 30 000 Tonnen Kalkstein fördern, damit das Werk wirtschaftlich arbeiten kann. Der Löwenanteil hiervon geht auf die Schiene und seit jeher bewältigt ein einziges und nahezu unscheinbares Streckengleis der Angertalbahn dieses riesige Aufkommen mühelos – durch den grünen Vorgarten des Ruhrgebietes, ja durch ein gänzlich unerwartetes Paradies! ***Joachim Seyferth***

**Dreh- und Angelpunkt ist das riesige Kalkwerk bei Flandersbach: 221 149 mit einer 216 dahinter inmitten des Rangierbahnhofs (17. April 1982).**
FOTOS: JOACHIM SEYFERTH (11), MARCUS HENSCHEL (1)

# KORDEL 1982

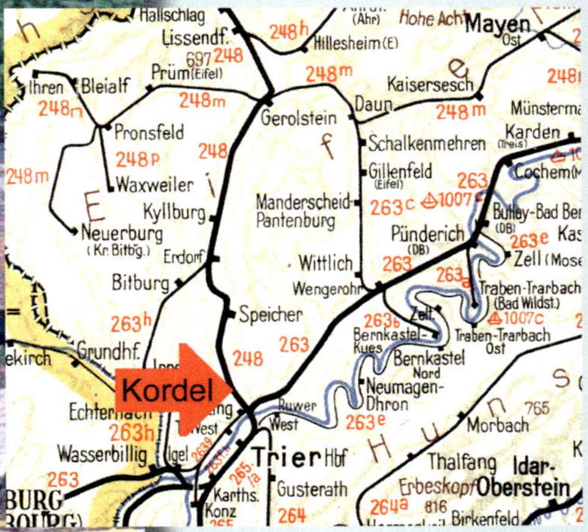


Kordel in der Eifel am 21. September 1982: Aus der Vogelperspektive zeigt sich ein geschlossenes Ortsbild diesseits der Bahnstrecke, im Umbruch befindliche Kleinindustrie jenseits des Güterschuppens und ein klassischer, 215-geführter Eifelbahn-Eilzug mittendrin. Ein Bild, das Modellbahner zum Nachbau anregen müsste.

Wer mit der Eisenbahn von der Mosel mitten durch die Eifel an den Rhein fährt, hat – angekommen in Köln – angesichts der vielen Sinneseindrücke schon wieder vieles vergessen. So auch das unscheinbare Städtchen Kordel, der erste Halt nach dem Beginn der Eifelstrecke hinter den großen Bahnanlagen von Ehrang. Kuckuckslay-Tunnel, die Burg Ramstein, das Flüsschen Kyll und eben Kordel – alles schon wieder verdrängt und vergessen. Der Kölner Dom ist eben gewaltiger. Wir aber kehren noch einmal zurück an unseren Schienenweg mitten durch die Eifel, an unser Ziel anno 1982, Kordel statt Köln. Hier sind die typischen Sinneseindrücke der Hauptbahn durch die Eifel sofort präsent, während der Streckencharakter von der rheinischen Metropole aus erst allmählich an Fahrt gewinnt.

## Im Tal der Kyll

Also steigen wir gleich nach Ehrang an der Station mit dem hintergründig klingenden Namen aus und steigen auf einen der zahlreichen Berge, die den Ort und das Tal der Kyll umschließen. Aus dieser Vogelperspektive gibt es viel zu entdecken, nicht nur den gerade einlaufenden E 2805 aus Köln mit seiner durch einen Stückgutwagen bereicherten Zugkomposition. Der Bahnsteig am Innenbogen muss wohl gerade erneuert worden sein, für die daneben abgestellten älteren Schiebedach-Güterwagen dürfte die Nutzungszeit aber wohl abgelaufen sein, denn die Verwendung von kaum noch benötigten Nebengleisen für ausgemusterte Wagen ist gerade im „Dunstkreis" von großen Rangierbahnhöfen (hier Ehrang) keine Seltenheit. Der Güterschuppen und die offenbar im Umbruch befindlichen Anlagen der Kordeler Kleinindustrie stehen im Kontrast zum ansonsten geschlossenen Ortsbild, in dessen Mitte ein Baukran weiteren Zuwachs ankündigt. Davor der „Ortskern" mit Bahnübergang, Bahnhofstraße und den nötigsten Geschäften.
Was links neben dem Zug wie ein Bahnhofsgebäude aussieht, hat (natürlich) auch mit der Eisenbahn zu tun: Es handelt sich um ein im Jahre 1870 errichtetes Eisenbahner-Wohnhaus der Eifelbahn, erstellt aus dem heimischen und typischen Rotsandstein, aus dem ebenfalls das ein Jahr später errichtete eineinhalbgeschossige Empfangsgebäude (auf dem Foto links unterhalb der Diesellok) besteht. Beide Gebäude stehen heute wie viele andere Kordeler Baulichkeiten unter Denkmalschutz. Das Eisenbahner-Wohnhaus dürfte heute allenfalls nur noch ein paar pensionierte Eisenbahner beherbergen, früher jedoch schien es aus allen Nähten zu platzen, denn hier fanden nicht nur die Eisenbahnbediensteten aus Kordel Unterschlupf: Die Mehrheit der Bewohner hatte ihren Arbeitsplatz im nahe gelegenen Rangierbahnhof und Bahnbetriebswerk von Ehrang, dem Schienen-Verteilzentrum für ganz Trier und Umgebung.

## Moselromanischer Name

Aber warum heißt der Ort eigentlich Kordel? Gerade herrscht Zugpause, der Bahnübergang ist offen, also kann es erklärt werden: Der Ortsname wird vom moselromanischen „Cortelle" als Bezeichnung für einen kleinen Hof abgeleitet und mit dem erzbischöflichen Pronhof erklärt. Kordel gehörte nämlich zum ältesten bischöflichen Besitz der Trierer Kirche; der Ortsname blieb in seiner Schreibweise mit den Deklinationen ziemlich stabil und variierte mit Cordele, Cordula und Curdela im 12. und 13. Jahrhundert. Im weiteren „Geschichtsunterricht" erfahren wir, dass in und um Kordel alleine sieben römische Siedlungsstellen festgestellt wurden und dass bei der südlich gelegenen Burg Ramstein das ausgedehnteste römische Brandgräberfeld mit steinernen Aschenkisten gefunden wurde. Ursächlich für den „Aufstieg" Kordels war die Sandsteinindustrie, die seit den 1870er

Jahren bis zum Ersten Weltkrieg ihre Blütezeit hatte. Der Abbau und die Bearbeitung der zwischen roter, grau-weißer und gelblich-grüner Farbe wechselnden Sandsteinbänke begann um 1855. Die 1871 in Betrieb genommene Eifelbahn Trier – Köln mit ihrer Station in Kordel förderte den industriellen Abbau, die Schleifstein- und Bausteinindustrie sowie die Steinmetzbetriebe. Der Bevölkerungszustrom hielt auch nach dem Ende der Steinindustrie an, zum Zeitpunkt unseres Einleitungsfotos im Jahre 1982 hatte Kordel rund 2300 Einwohner. Die Uferzeile der Straße im Städtchen fiel bereits dem Bau der damals so genannten Kyllbahn ab 1867 zum Opfer. Das Ortsbild wird von der Dorferweiterung nach der Mitte des 19. Jahrhundert im Zusammenhang mit der Sandsteinindustrie und dem Eisenbahnanschluss geprägt; die damals entstandene südliche Ortshälfte zeigt diese Entwicklung deutlich an der Bahnhofstraße, die auf unserem Bild bis auf inzwischen sehenswerte Auto-Oldtimer fast entvölkert ist. Die als Sandsteinquaderbauten errichteten öffentlichen Gebäude in diesem Bereich (Stationsgebäude, das bereits erwähnte Wohnhaus der Bahnbediensteten, Postamt) sind zugleich Zeugnisse der Kordeler Sandsteinindustrie, deren Fabrikationsstätten sich einst zumeist auf dem Gelände zwischen dem Bahnhof und dem Flüsschen Kyll befanden.
Wieder unten im Ort, senken sich erneut die Schrankenbäume zur Straße über die Kyll und geben Hausfrauen auf Fahrrädern und anderen Passanten eine Pause zum Verweilen. Wenig später kurbelt eine V 60 mit ihrer Übergabe gen Ehrang, ein kurzer Rest des einst lebhafteren Güterverkehrs auf der Eifelbahn. Das immer wieder in den Medien veröffentlichte Ansinnen, die Eifelstrecke stärker für den überregionalen Güterverkehr zu ertüchtigen, um beispielsweise die Rheinstrecken zu entlasten, bleibt aber zumindest bis zur Verwirklichung einer radikalen Verkehrswende recht unrealistisch, denn zu groß und teuer wären die Anpassungsmaßnahmen entlang der teilweise noch eingleisigen Eifelstrecke: durchgehende Zweigleisigkeit, Elektrifizierung, Aus- bzw. Neubau der Tunnel, Verlängerung zahlreicher Bahnhofsgleise und so weiter. Und mit einem „menschlichen Antlitz" der Eisenbahn wäre es dann auch hier in Kordel vorbei.

## Blumen am Bahnsteig

Anno 1982 gab es das noch, beispielsweise wenn kurz vor Ankunft des Zuges die Fahrgäste auf dem Hausbahnsteig in Kordel hin und her flanierten und sich am Blumenschmuck neben dem Bahnhofsgebäude erfreuten. Wenig später sangen die Schienen und der Zug rauschte heran. Nein, diesmal kein Zug, sondern ein Züglein, ein einteiliger Schienenbus! Und das auf der stolzen Eifelstrecke! Kam der nicht direkt aus der Vergangenheit, von den längst stillgelegten und einst benachbarten Strecken zwischen Kall und Hellenthal, zwischen Jünkerath und Hallschlag oder zwischen Gerolstein und Waxweiler? Egal – vormittags um elf ist „Schwachlastzeit" und selbst ein kleiner Triebwagen bot noch genug Plätze für die kurze Fahrt nach Trier. Dann knatterte er davon, der kleine Bahnhof war wieder verwaist und die Bahnhofsblumen genossen die letzten wärmenden Sonnenstrahlen des Jahres. Dass noch bis Ende der Achtzigerjahre die unterschiedlichsten Zuggarnituren auf der Eifelstrecke verkehrten, bewies dann der Gegenzug aus Trier nach zwanzig Minuten: eine dicke 215 mit fünf Silberlingen! Auf dem neuen und im Innenbogen liegenden Bahnsteig hatte der Zugführer kaum Probleme, seinen Zug abzufertigen – Achtungspfiff, die Türen „schlüsseln" und die Kelle hoch für den Lokführer. Kraftvoll brummend beherrschte der Zug in der nächsten Minute die Akustik in Kordel, teilweise verstärkt und zurückgeworfen noch durch die Berge im engen Tal.

Eisenbahn in Kordel: Szenen der Beschaulichkeit eines romantischen Städtchens in der Eifel.

Beschaulichkeit, Wälder ohne Ende und die Eisenbahn. Dies findet man in und um Kordel in der Eifel. Aufnahmen vom September 1982, links 216 mit Eilzug im Städtchen, rechts Schienenbus-Dreiteiler bei Burg Ramstein.

Die unterschiedlichsten Züge, eine herrliche, teils wildromantische Landschaft und die Ruhe in der Abgeschiedenheit einsamer Eifeltäler, durch die teilweise nur die Eisenbahn führt – das war die Eifelbahn! Sehr viel anders ist das auch heute nicht, aber durch den Löwenanteil von uniformen Triebwagenleistungen und das Fehlen von „richtigem" Güterverkehr hat die Eifelstrecke ihren gefühlten Charakter einer Hauptbahn beinahe verloren und erscheint eher als großzügige Nebenbahn. Dick und fett wurde sie im Kursbuch noch gedruckt, als auf ihr Schnellzüge zwischen dem Ruhrgebiet und Südwestdeutschland verkehrten. Im Sommer 2013 dagegen wurde sie zwischen Gerolstein und Kyllburg wegen Bauarbeiten für dreieinhalb Wochen (!) voll gesperrt – augenfälliger kann ein Niedergang einer einstigen „Magistrale" abseits der Hauptabfuhrstrecken nicht sein! Nach der Elektrifizierung der Moselstrecke im Jahr 1973 verlor sie großräumige Verkehre, das letzte planmäßige Schnellzugpaar ver-

kehrte im Juni 1990. Danach gab es noch einzelne außerplanmäßige Touristik- und „Säuferzüge" mit D-Zug-Charakter, heute haben diesen Nimbus seltene Dampfsonderzüge mit alten Schnellzugwagen. Störungsanfällige Neigezüge in der jüngsten Vergangenheit und künftige LINT-Triebwagen waren bzw. sind auch nicht dazu geeignet, der Eifelstrecke wieder alten Stolz und Charme zu geben.

Aus heutiger Sicht hatte bei unserem Besuch an diesem 21. September1982 auch der kleine Einkaufsladen am Bahnübergang in Kordel Charme, wo man Lebensmittel, Lottoscheine und Lesestoff in Form der aktuellen Boulevard-Zeitung bekommen konnte: Neben der absurden Nebenschlagzeile „Lotto-Zahlen immer blöder", die natürlich für reichlich Gesprächsstoff am Lotto-Tresen des kleinen Geschäftes sorgte, fragten die noch größeren Buchstaben nach dem Schicksal von Bundeskanzler Helmut Schmidt, der vier Tage zuvor die Koalition mit der FDP beendet hatte. Ansonsten überwogen Klatsch-Themen, die hiesige Regionalausgabe der Blöd-Zeitung gratulierte dem launigen Kölner Moderator Jean Pütz („Hobbythek") zum heutigen Geburtstag und erschreckte den naiven Leser mit der Horrornachricht, dass ein Gerolsteiner Versicherungsmakler vom Dackel der Schwiegermutter entmannt worden ist. Eingedeckt mit Brötchen, zwei Tütchen Senf und einer Fleischwurst, die natürlich auch der rabiate Langköter sogleich verschlungen hätte, konnte dieser tägliche Treffpunkt der Kordeler Einwohner schließlich unbehelligt verlassen und der lange Aufstieg zur nahe gelegenen Burg Ramstein begonnen werden. Welche Motive würden sich von dort zusammen mit der Eisenbahn einfangen lassen?

*Unterschiedlichste Züge, eine wildromatische Landschaft und die Ruhe einsamer Eifeltäler, durch die teilweise nur die Eisenbahn führt – das war und ist die Eifelbahn. Da heute aber fast nur noch uniforme Triebwagen verkehren, hat die kurvenreiche Strecke ihren gefühlten Charakter einer Hauptbahn beinahe verloren*

## Tief unten, hoch droben

Ein Ergebnis ist auf der vorigen Seite anzuschauen, wo die ohnehin kleine Schienenbuseinheit unterhalb der Burgruine noch spielzeughafter wirkt. Die steht auf einem genau 182 Meter hoch gelegenen Buntsandsteinfelsen im unteren Kylltal südlich von Kordel und gehört zu den Burganlagen, die zu Beginn des 14. Jahrhunderts durch den Trierer Erzbischof Diether von Nassau errichtet wurden. Während des Pfälzischen Erbfolgekrieges wurde die Burg von französischen Soldaten besetzt und im Jahre 1689 gesprengt – auf diese viel entferntere Zeitreise begeben wir uns also lieber nicht. Ein Wiederaufbau unterblieb, der Nachfolgebau des ehemaligen Hofhauses der Burg wird heute als Hotel-Restaurant genutzt. Vom gedeckten Tisch aus konnte man aber schon zum Zeitpunkt dieses Fotos wegen unmittelbaren Baumbewuchses nicht mehr die Züge der Eifelbahn bestaunen, dazu musste man noch höher in den so genannten Meulenwald hinaufsteigen und – noch ganz außer Atem – in einer Baumlücke das Fotostativ in den Waldboden rammen. Noch bis 1987 konnte man von hier oben sogar anfahrende Züge hören, denn bis dahin existierte noch der Bedarfshaltepunkt „Burg Ramstein", der für Eil- und Schnellzüge freilich tabu war. Wer ein Diorama mit Burg, Strecke und Haltepunkt nachbauen möchte, setzt hier am besten einen Schienenbus aufs Gleis, der neben ausgestiegenen Preiser-Wanderern gerade wieder losknattert.

**Eifel-Idylle: Wer mochte einst in dieser Abgeschiedenheit nicht verweilen und der Akustik von sich nähernden und wieder auf kurvenreicher Trasse entschwindenden Schnellzügen mit Dampf- oder später 215-Traktion lauschen?**
FOTOS: JOACHIM SEYFERTH (8)

## Wie einst bei Maedel

Wieder zurück in Kordel, hat uns der beschauliche Eifel-Alltag wieder. Am wieder mal geschlossenen Bahnübergang ist es diesmal eine rote V 100 mit einer stilreinen Umbauwagen-Garnitur, die beim Anfahren im Bahnhof weißlich-graue Dieselschwaden in den bewölkten Himmel pustet. Sie bereichert die heute gesehenen Baureihen (215, 260, 798) um eine weitere und erinnert an die seit jeher abwechslungsreiche Traktion auf der Eifelstrecke, zu Dampfzeiten allen voran natürlich die Baureihen 01 und 39, denen unter anderen Karl-Ernst Maedel besonders gerne ein Denkmal in seinen Bildbänden gesetzt hat, man denke nur an das Titelbild von „Die Dampflokzeit" mit der 01 111 auf einem eingleisigen und damals noch von Telegrafenmasten gesäumten Abschnitt der Eifelstrecke. Nach den daneben eingesetzten Dampflokbaureihen 23, 44, 50 und 86 war es im Diesellok-Zeitalter vor allem die Baureihe 215, die zwischen Trier und Köln obligatorisch war. Die bei den Bahnbetriebswerken Trier und Köln-Deutzerfeld beheimateten Maschinen sollten hier nach unserem Besuch noch rund zwanzig Jahre weiterlaufen, ob in „Altrot", Türkis-Beige oder „Orientrot". Im Jahr 2001 wurden die meisten dieser Maschinen jedoch ausgemustert, ein Teil wurde an „DB Cargo" verkauft und fortan als Baureihe 225 bezeichnet.

Unser Abschied in Kordel wird von den Gedanken begleitet, dass sich solch ein unscheinbares Juwel von Ort und Landschaft entlang der Eifelbahn ständig wiederholt – egal, ob es nun tatsächlich Kordel oder auch Philippsheim, Densborn oder Auw an der Kyll heißt. Überall das begleitende Flüsschen, eingebettete Siedlungen und Ortschaften zwischen wildromantischen Wäldern sowie lauter kleine Entdeckungen voller Idylle. Und die Dieselakustik der Eifelbahn, die etwa alle halben Stunden über den kurvenreichen Gleisen durch die Täler wandert und beim Abklingen die einsame Stille einer unterschätzten Region zurücklässt. ***Joachim Seyferth***

RioGrande Die Filmprofis

# Die berühmten Schnellzug-Renner der Bundesbahn

Die 03, in Fachkreisen auch als die leichte Pazifik bekannt, stand Zeit ihres Schienendaseins meist im Schatten ihrer berühmten Schwester 01, der sie allerdings mit 298 gebauten Exemplaren schon zahlenmäßig überlegen war. 145 Exemplare dieser letztendlich sehr zuverlässigen Baureihe verblieben bei der Bundesbahn. Die Bahnbetriebswerke Hamburg-Altona und Ulm gehörten zu den letzten Hochburgen der Bundesbahn-03, an der Donau beendeten schließlich die letzten Null-Dreier im Jahre 1972 ihre aktive Laufbahn bei der DB. Dieser Film zeigt einmalige und bisher unveröffentlichte Szenen aus dem Alltagsbetrieb dieser beiden 03-Einsatzstellen. Während der letzten zehn Einsatzjahre bewährten sich die Loks voll und ganz, als sie keine Höchstleistungen mehr erbringen mussten. Das wurde gekonnt auf Zelluloid festgehalten. Wie immer ergänzen Erzählungen von alten Eisenbahnern und Fachleuten die perfekt nachvertonten historischen Filmaufnahmen.

**Laufzeit 80 Minuten •**
**Best.-Nr. 6385 • € 16,95**

DB

Best.-Nr. 6319 • € 16,95

Best.-Nr. 6357 • € 16,95

Best.-Nr. 6368 • € 16,95

Best.-Nr. 6378 • € 16,95



# Diesellok-Legenden der Bundesbahn

**€ 29,95**
**Best.-Nr. 5104**

Nach dem Zweiten Weltkrieg begann bei der jungen Deutschen Bundesbahn schon zu Beginn des Wirtschaftswunders der Trend zur Verdieselung des Zugverkehrs auf Neben- und nicht elektrifizierten Hauptstrecken. Eine erste Ikone jener Zeit wurde die V 200, es folgte die „halbe" Variante V 100 und dann die Lokfamilie 216, 215, 217 und 218. Die 218 steht heute noch in Diensten der Deutschen Bahn AG. Diese faszinierende DVD-Box stellt all diese markanten Lokomotivtypen in exzellenten Filmporträts vor.

Gesamtlaufzeit 185 Minuten

# MÜHLEN 1984

Landbahnhof Mühlen im oberen Neckartal am 18. April 1984: Gerade ist 211 243 mit dem E/N 3254 von Villingen nach Tübingen zum Stehen gekommen, der Zugführer fährt 1. Klasse.

Wir sehen einen kleinen und typischen Dorfbahnhof, ein Zug ist gerade eingefahren, eine Reisende mit Koffer und Paket strebt zum Empfangsgebäude. Der Lokführer der V 100 hält seinen Kopf an die frische Landluft und wartet auf den Abfahrauftrag, Zugführer und Zugschaffner stehen nicht zufällig an der Tür zur ersten Klasse des Umbauwagens, denn hier haben sie ihr provisorisches „Dienstabteil“. Warum sich mit der zweiten Klasse begnügen, wenn man die Hoheit über den ganzen Zug hat?
Eine unscheinbare und tagtägliche Szene am Bahnhof in Mühlen bei Horb, damals am 18. April 1984. Bei der V 100 handelt es sich um 211 243, beim Wagenzug um den E/N 3254 von Villingen nach Tübingen. Um 15.30 Uhr ist er an der Schwarzwaldbahn abgefahren, jetzt ist es zehn nach fünf und um 17.44 Uhr wird er Tübingen erreichen. In gut zwei Stunden von tiefen Tannenwäldern in die Universitätsstadt – immer entlang des Neckars. Ja, da möchte man noch mal mitfahren, Landschaft und Dieselbrummen goutieren sowie Zugpersonal und Reisenden zuschauen. Auch hier im kleinen Mühlen.
Doch so unscheinbar ist der kleine Ort am Rande des nordöstlichen Schwarzwalds gar nicht. Zumindest bezüglich der Eisenbahn hat es Mühlen, das 1975 in die vier Kilometer entfernte Kreisstadt Horb eingemeindet wurde, faustdick hinter den Ohren. Denn der kleine Dorfbahnhof mit Ausweichgleis, kleinem Güterschuppen und überdachtem Fahrradständer ist nur die halbe Wahrheit: Oben am Hang, im Sommer versteckt hinter belaubten Bäumen und Büschen, verläuft die große und zweigleisige Gäubahn, hier vor zehn Jahren (1974) zudem elektrifiziert. Vom Bahnhof Mühlen aus kann man deren Züge sehen – 1984 waren es noch

Auf der zweigleisigen Strecke nach Eutingen ist ein wenig mehr Betrieb. Ein Schwerkleinwagen nach Horb verlässt den 309 Meter langen Mühlener Tunnel (18. April 1984).

> *Hier oberhalb von Mühlen herrscht „beschützte Stille“: ruhig genug für Erholung, aber immer noch mit entfernten Geräuschen durchsetzt, die eine gewisse Vertrautheit vermitteln – fernes Hundegebell oder ein sich irgendwo quälender Traktor. Doch aus dem Tunnel rumort es, mit hellem Räderklang erscheint ein Schwerkleinwagen, der hurtig talwärts Richtung Horb rollt*

Schnellzüge mit blauer Bügelfalten-110 oder lange Güterzüge mit der 194. Sogar ein Tunnel ist da oben, 309 Meter lang und namentlich natürlich als „Mühlener Tunnel“ bezeichnet. Da müssen wir unbedingt hin, hier unten am Dorfbahnhof ist ohnehin gerade nichts mehr los.
Über eine Neckarbrücke und die Hauptstraße gelangen wir zu einem Wanderweg mit dem verheißungsvollen Namen „Tunnelsteige“ – das muss es sein! Nach zwei Serpentinen sind wir rund fünfzig Meter höher und stehen vor einer geschlossenen Bahnschranke. Auf der gegenüberliegenden Seite eine große Wellblechbude, am teilweise abgeplatzten Emailleschild ist abzulesen, dass es sich um einen ehemaligen „Posten 5“ handeln muss. Doch nirgendwo eine gelbe Anrufsäule, auch der Übergang selbst besteht nur aus Holzbohlen und Schotter. Offensichtlich nur noch ein temporärer Übergang für Förster und Waldarbeiter, denn Spuren am Weg verraten, dass Spaziergänger und Wanderer die Schranken wohl umgehen und auf eigene Gefahr die Gleise überqueren. Und richtig, rechter Hand ist auch der Tunnel, davor das „Spiegelei“ des Vorsignals vom Block Talhof, bis 1989 eine der letzten besetzten Blockstellen der Bundesbahndirektion Stuttgart, wie hier mitten im Wald und versteckt gelegen. Ein seltsamer, fast geheimnisvoller Ort, genau das Richtige für Eisenbahn-Entdeckungen.
Hier oberhalb von Mühlen herrscht jene „beschützte Stille“, die nicht weit entfernt von kleinen Ortschaften vorzufinden ist: ruhig genug für Erholung, aber immer noch mit entfernten Geräuschen der Zivilisation durchsetzt, die eine gewisse Sicherheit und Vertrautheit vermitteln – fernes Hundegebell, ein sich irgendwo quälender Traktor und ein ausrollender Schienenbus unten auf der Bahn nach Tübingen. Doch aus dem Tunnel rumort es, mit hellem Räderklang erscheint ein gelber Schwerkleinwagen, der hurtig talwärts Richtung Horb entschwindet. Alles ist wieder ruhig, Zeit und Gelegenheit, mal die andere Seite dieses scheinbar vergessenen Bahnübergangs zu inspizieren. Nein, die Wellblechbude ist verschlossen, auch das verbretterte Fenster gibt keine Geheimnisse preis.
Auf einem Quadratkilometer bietet Mühlen eine Eisenbahnwelt wie auf einem Diorama, für Modellbahner und ihre Nachbauten wie geschaffen. Unten die eingleisige Nebenbahn (die in Wirklichkeit eine eingleisige Hauptbahn ist) mit pittoreskem Dorfbahnhof, einen weiten Steinwurf entfernt die zweigleisige elektrifizierte Gäubahn, eingebettet mitten im ansteigenden Hang und mit einem Tunnel versehen, der natürlich in den obligatorischen Schattenbahnhof führt, wo schon die typischen Gäubahn-Züge auf ihren Auftritt warten. Hier in natura ist mit solchen Träumereien nach 309 Metern Schluss, denn die Züge fahren ohne Gleiswendel und Weichen einfach im Freien weiter, dem Trennungsbahnhof Eutingen entgegen.

## Ein Abschnitt – drei Relationen

Unser Streckenabschnitt wird nämlich gleichzeitig von Zügen der drei Relationen Horb – Stuttgart, Horb – Freudenstadt sowie Horb – Pforzheim befahren, tatsächlich eine Zugdichte wie auf der Modellbahn. Und mit der entsprechenden Baureihenvielfalt: Im Jahre 1984 verkehrten hier und auf der Tübinger Strecke regelmäßig die Baureihen 110, 140, 150, 151, 194, 211, 212, 215 und 798. Und natürlich Schwerkleinwagen, Turmtriebwagen und Rangierdiesel mit oder ohne Treibstangen. Apropos Treibstangen: Vor weiteren zehn Jahren, also 1974, fuhren hier noch 50er

Wie auf der Modellbahn: Unten der kleine Güterschuppen vom Mühlener Bahnhof, oben die große Gäubahn mit einer Versteck spielenden 150 (18. April 1984).

und die P 8 nach Freudenstadt und weiter nach Hausach. Und genau hier, auf der Rampe zwischen Horb, dem Mühlener Tunnel und Eutingen, hatten diese Dampfzüge ihre ersten Steigungsmeter auf die Hochebene zwischen Hochdorf und Freudenstadt zu bewältigen.

Entgegen allem Anschein tangierte die große Gäubahn jedoch erst nach der „kleinen" Tübinger Strecke die Gemarkung Mühlen, denn bereits 1866 konnte Mühlen im Zuge des Baus der Strecke Horb – Tübingen (Obere Neckarbahn) mit einem eigenen Bahnhof von der Eisenbahn profitieren. Erst acht Jahre später ging der Abschnitt Eutingen – Horb als Teilabschnitt der neuen Nagoldtalbahn in Betrieb, später wurde dieser Abschnitt der Gäubahn Stuttgart – Horb (– Singen) zugeordnet. Nach dem Zweiten Weltkrieg wies der Sommerfahrplan 1956 der Oberen Neckarbahn zwischen 4.42 Uhr und 23.51 Uhr rund zwanzig Zugpaare in Mühlen auf, darunter die (freilich durchfahrenden) Eilzug-Paare 753/754 Tübingen – Kehl und 593/594 Stuttgart – Konstanz. Rund die Hälfte der Personenzüge wurde bereits mit Schienenbussen gefahren. Im fünf Kilometer entfernten Eyach bestand Anschluss an die Züge der Hohenzollerischen Landesbahn bis ins 78 Kilometer entfernte Sigmaringen, neben Haigerloch und Gammertingen vorbei an so liebreizenden Stationsnamen wie „Hart" oder „Killer". Am 1. Oktober 1972 verlor der Abschnitt Eyach – Haigerloch seinen Schienenverkehr, Reisende von Mühlen nach Mühringen, Haigerloch oder eben Hart mussten in Eyach in den Bus wechseln.

## Flotter Eilzug-Schienenbus

Im Winterfahrplan 1974/75 bedienten die beiden Eilzugpaare jetzt die Relationen Stuttgart – Strasbourg und Stuttgart – Freiburg, ansonsten hielten bei fast unverändertem Zugangebot alle Züge weiterhin in Mühlen. Nur der an Samstagen und Feiertagen verkehrende N 7229 von Tübingen nach Horb ließ neben einigen anderen Stationen auch Mühlen aus und verkehrte als Schienenbus im Eilzugtempo – er war zwischen Tübingen und Horb neunzehn Minuten schneller als ein überall haltender lokbespannter Personenzug! Zum Zeitpunkt unserer Zeitreise (Winterfahrplan 1983/84) war das Zugangebot auf der Oberen Neckarbahn leicht reduziert, zu etwa zwölf werktäglichen Zugpaaren gesellte sich ein sonntägliches Straßenbus-Paar sowie das auf ein Zugpaar geschrumpfte Eilzug-Angebot (Stuttgart – Offenburg bzw. Strasbourg – Stuttgart). Doch sonst hielten alle Züge in Mühlen, das zu diesem Zeitpunkt wie bereits erwähnt in die nahe Kreisstadt Horb eingemeindet und zum Stadtteil wurde. Doch natürlich hat die rund 1000 Einwohner zählende Gemeinde ihr historisches Stadtwappen behalten, das – wie könnte es anders sein – auf rotem Grund ein goldenes Mühlrad zeigt. Denn Antrieb für die Mühlener Mühlen gab es hier mit dem Neckar und dem mündenden Eutinger Talbach reichlich.

Doch jetzt hören wir einen anderen Antrieb. Aus Richtung Horb mahlt eine 194 die lange Steigung herauf und erscheint vor dem S-Bogen der Strecke an unserem Bahnübergang. Keine andere Ellok passt hier besser hin als diese Maschine, die mit lang anhaltenden Rampen, schwierigen Streckenführungen sowie Berg und Tal bestens vertraut ist. Doch bald wird ihre lange Wagenkette nicht mehr wie Blei am Zughaken hängen, denn ab Eutingen geht es bis zum Kornwestheimer Rangierbahnhof prinzipiell nur noch abwärts. Aber hier in Mühlen ist das Ganze noch ein kleines Schauspiel, denn hier oben am Berg mahlt nicht der Müller, sondern der Lokführer mit seiner Maschine. Die letzten Wagen entschweben im Tunnel und besäße man den Hang zur Übertreibung, könnte man mit Schlagworten wie Geisterbahn und Krokodil den Mühlener Kindern das Fürchten lehren. Stattdessen zwitschern die Vögel unschuldig durcheinander, als wäre nichts gewe-

Der ehemalige Posten 5 am Mühlener Tunnel wurde selbst 1984 nur noch für den Forstbetrieb geöffnet (17. April 1984).

Die Steigung von Horb her erinnert an Dampflokzeiten, doch jetzt ist es 194 191 mit dem Dg 55980 (18. April 1984). FOTOS: JOACHIM SEYFERTH (5)

sen. Das Spiegelei des Vorsignals am Tunnel klappt wieder hinab und läutet damit symbolisch eine neue, aber nur kurze Zugpause ein, denn zehn Minuten später folgt der E 94 eine V 100 mit ihrem Eilzug von Horb nach Pforzheim. Bei derlei schöner Symbiose zwischen Natur und klassischer Eisenbahn kann einem das übrige Weltgeschehen an diesem 18. April 1984 zumindest jetzt reichlich schnuppe sein, das man in der abendlichen „Tagesschau“ dann doch wieder zu sehen und hören bekommt: Die USA und die UdSSR verhandeln in einer Abrüstungskonferenz über ein Verbot chemischer Waffen und der Arzt Dr. Julius Hackethal sorgt für hitzige Diskussionen, weil er einer Patientin Sterbehilfe geleistet hat. Reichlich unbeschwerter trällert dagegen die aktuelle Hitparade, wo „Big in Japan“ von Alphaville immer noch Platz eins belegt und mit typischem Synthie-Pop den musikalischen Zeitgeist vorgibt.
Doch hier musiziert nur das Vogelvolk, hier in der Natur, wo das wirkliche Leben stattfindet. Wir laufen den Wanderweg mit

*Aus Richtung Horb mahlt eine 194 die lange Steigung herauf und erscheint vor dem S-Bogen der Strecke an unserem Bahnübergang. Keine andere Ellok passt hier besser hin als diese Maschine, die mit lang anhaltenden Rampen, schwierigen Streckenführungen sowie Berg und Tal bestens vertraut ist*

dem bezeichnenden Namen „Tunnelsteige“ wieder hinab und befinden uns bald wieder am Neckar, dessem Tal die Obere Neckarbahn bis Tübingen treu bleibt. Und siehe da, am Mühlener Bahnhof läuft gerade ein Personenzug ein, mit dem wir die eine Station bis Horb fahren können. Nein, das Zugpersonal lässt sich nicht mehr blicken, es hat die Diensttaschen längst gepackt und sitzt irgendwo hinten, in der ersten Klasse eines Umbauwagens. Die Diesellokomotive – es ist eine 215 – beschleunigt, aber oben am Hang ist jemand noch schneller: Eine 110 mit einem Schnellzug rollt auf der Gäubahn parallel mit uns auf Horb zu, ein Teil seiner Anschlussfahrgäste steht schon mit Koffern und Taschen an den Türen unseres Zuges. Adieu Mühlen, adieu an ein paar schöne Stunden in einer kleinen und erlebnisreichen Eisenbahnwelt auf nur einem Quadratkilometer! Es gab eben auch ein anderes, ein unschuldigeres 1984, nicht nur das 1984 des literarischen Propheten George Orwell.

***Joachim Seyferth***

# FRANKFURT 1987

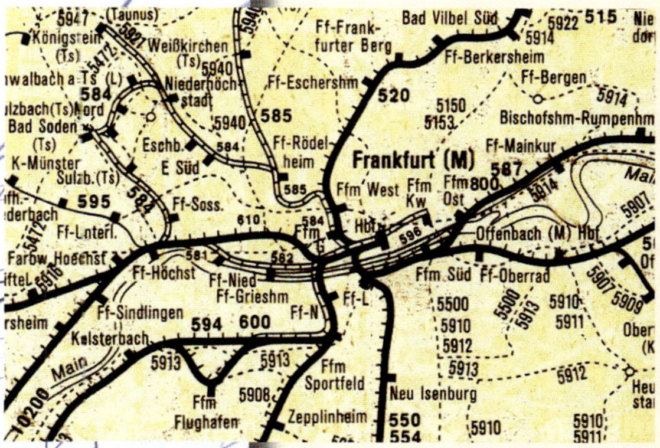


Frankfurt (M) 1987: Die Grenzen zwischen Historie und Moderne verlaufen fließend – genau wie die Form des 601, aus dem heraus dieses Bild fotografiert wurde.

Manchmal verlaufen die Grenzen zwischen Historie und Moderne so fließend wie ein elegant vorbeieilender Schnelltriebwagen. Und besonders rasch werden diese Grenzen in Metropolen, in großen Agglomerationen wie etwa in Frankfurt am Main verschoben. Während sich bereits in einigen Vorortbahnhöfen das Eisenbahn-Ambiente seit Jahrzehnten kaum verändert hat, sind der große Hauptbahnhof und die flankierende „City" stets einem so schnellen Wandel unterworfen, dass hier für eine Zeitreise nur wenige Jahrzehnte Rückschau genügen. Zwischen damals und heute liegen nur 28 Jahre und dennoch ist alles, was auf unserem großen Eingangsfoto vom 11. Juni 1987 zu sehen ist, entweder verschwunden oder stark verändert. Ein Bild aus der Moderne und dennoch schon antiquiert, aus einer (guten?) jungen Zeit, noch greifbar nahe und doch nicht wiederzubeleben.

Wir schauen aus dem Triebkopf (601 004) des einfahrenden Dt 13420 von Bodenmais nach Dortmund, ein typischer Reisebüro-Touristikzug der Achtzigerjahre, der das Gnadenbrot für die einst stolzen TEE-Dieseltriebzüge darstellte. Es ist Punkt fünf Uhr nachmittags, wir sind „Plan" und vor nicht einmal einer Stunde noch durch dunkle Spessartwälder und vorbei an den beiden Laufacher 194er-Schubloks gerollt. Gerade noch im weiten und hoch gelegenen Rechtsbogen von Frankfurt Süd mit dem immer beeindruckenden Blick auf das Gleisgewirr mit Zügen und abgestellten Wagengarnituren, befinden wir uns jetzt sozusagen auf „Höhe null", vor uns der selbstverständliche und geballte Fuhrpark der Intercity-Bundesbahn sowie die Tore zu Frankfurt, die riesige, fünfschiffige Bahnhofshalle. Damals dominierte sie vor einer vergleichsweise bescheidenen „Skyline" noch das Bild, heute erhebt sich über den Hallen freilich eine viel breitere Armada von Hochhäusern, die den Bahnhof jetzt scheinbar unter ihren Krallen haben und

*Mit dezentem Dieselbrummen gleiten die beiden 601-Triebköpfe samt Zwischenwagen alsbald aus der großen Halle – vom Bahnhofspublikum kaum beachtet*

Eine Station und Züge mit dem gewissen Etwas: In der von reichlichen Verzierungen und filigranen Geländern geprägten Bahnhofshalle in Frankfurt (M) warten am 1. März 1988 die 151 001 mit N 7844 (linke Seite) und am 10. April 1979 die 601-Garnitur des IC 190 „Sachsenroß" auf die Abfahrt.

unmissverständlich signalisieren, welchen Götzen der Mensch heute verfallen ist. Der ICE und die digitale Fotografie standen schon in den Startlöchern und dennoch ist dieses „junge" Foto, entstanden auf bewährtem Kodak-Diafilm „EPR", also bereits eine Zeitreise. Und dies nicht nur wegen des veränderten und stark erweiterten Stadtbildes sowie des rollenden Materials der Eisenbahn, sondern auch wegen der Gleisbild-Impressionen. Schon beinahe dezent und zurückhaltend liegen Gleise und Weichen im dunklen Braun des Schotters, auch die Signale und Fahrleitungsanlagen sind nahezu „transparent" und versperren keinerlei Blicke. Das ist heute völlig anders: Oberbau und Gleise auffallend hell, die Ausleger der Fahrleitung massiv verstärkt und silbrig-blinkend, dazu monströse Signalbrücken, überall sonstige Masten und Warnanstriche. Für ein starkes Teleobjektiv wäre dies heute ein „Wald", während unser Bild von 1987 trotz Großstadtbahnhof ein nahezu „freies Feld" zeigt. Alles selbst in der großen Metropole noch ein wenig zierlicher, ja sogar aufgeräumter! Und die Steuerzentrale für all das befand sich noch nicht in einem anonymen Büropalast mitten in der Stadt, sondern in dem großen und markanten Stellwerksturm am

Ende des Bahnsteiges für die Gleise 9 und 10, in seinen mehreren Stockwerken immer zahlreiche Fahrdienstleiter, Zugmelder, Disponenten, Signaltechniker und vor allem Zugansagerinnen, die noch live und menschlich die Reisenden in den Hallen informierten. Hätte man dies mal auf Tonband aufgenommen – man hätte einzigartiges Material für fulminante Eisenbahn-Hörspiele aus den Achtzigern: „Auf Gleis 5 hat jetzt Einfahrt der Reisebüro-Sonderzug von Bodenmais nach Dortmund, planmäßige Weiterfahrt um 17.06 Uhr. Bitte Vorsicht bei der Einfahrt!"

Eine ausführlichere Ansage, etwa mit Bekanntgabe weiterer Haltestationen, gab es bei diesen Zügen nicht, weil diese nur vom kleinen und „internen" Kreis der Reisebüro-Kunden benutzt werden konnten – in etwa vergleichbar mit einem Sonderzug für Eisenbahnfreunde. Im Jahre 1987 konnte man überhaupt froh sein, dass (innerdeutsche) Urlaubsreisen noch mit dem Zug unternommen wurden, denn die Statistik sprach eine deutliche und ansteigende Kurve zu Gunsten von Auto und Flugzeug. Und der „Opel Omega A" war Auto des Jahres – so manche Ferienreise dürfte in diesem Jahr erstmals mit ihm unternommen worden sein. Bei der Bundesbahn hingegen ging es tendenziell weiter abwärts, der Rückgang der Fahrgastzahlen im Nahverkehr hielt an und auch die Güterbahn hatte mit sinkenden Frachtraten zu kämpfen. Dazu passt, dass im Juni 1987 in Stuttgart der letzte Culemeyer-Straßenroller eingesetzt wurde, einst hatte es bei der DB 242 Fahrzeuge dieser Art gegeben.

*Übergeschnappte Pläne, auch Frankfurt bereits vor „Stuttgart 21" zusätzlich zum vorhandenen S-Bahn-Tunnel auch für den Fernverkehr zu untergraben, sind um die Jahrtausendwende gottlob unterbunden worden*

Unser Dieseltriebzug steht mittlerweile in der großen Halle am Prellbock, die Wendezeit beträgt gerade mal drei bis vier Minuten, denn die Garnitur ist mit zwei Lokführern besetzt und einer von ihnen hat bereits bei der Einfahrt den anderen Führerstand besetzt und vorbereitet. Auf den anderen Bahnsteigen einschließlich dem breiten Querbahnsteig herrscht ein dichtes Gewusel des jetzt dominanten Berufsverkehrs, der ohne die Inbetriebnahme der Frankfurter S-Bahn vor rund zehn Jahren (28. Mai 1978) kaum noch zu bewältigen und noch mehr auf die Straße verlagert worden wäre. Mit den Widrigkeiten des Straßenverkehrs und der täglichen Arbeit haben die glücklichen Urlauber im 601 freilich noch nichts zu tun, noch bleiben ihnen ein paar Stunden oder Tage, um sich am Zielort Dortmund und dem umgebenden Ruhrgebiet wieder auf den Alltagstrott vorzubereiten. Mit dezentem Dieselbrummen gleiten die beiden Triebköpfe und ihre Zwischenwagen alsbald aus der großen Halle, am fast leeren Bahnsteig vom Bahnhofspublikum kaum beachtet.

*Draußen im Gleisvorfeld heute natürlich längst kein einfahrender 601 mehr, sondern allerorten rot-weiße Züge im Mastgewirr, über den fünf Hallenschiffen jetzt eine dichte Wolkenkratzer-Armada*

Wir bleiben hier in Frankfurt und tauchen beim Anblick der reichlich verzierten Hallenkonstruktion und filigranen Geländer sogleich in die Geschichte dieser monumentalen Verkehrsstation ein, einer gerade schaltwerkknallenden 141 und einer bremsenquietschenden 103 an den Nachbargleisen zum Trotz: Ohne jede Feier wurde der heutige Frankfurter Hauptbahnhof am 18. August 1888 eröffnet, der erste Zug traf am frühen Morgen um 4.47 Uhr aus Hamburg ein. In der Nacht waren die Gleise zu den drei bisherigen Stationen im Gallusviertel gekappt worden, dort entstand in den nächsten Jahren das berühmt-berüchtigte Frankfurter Bahnhofsviertel. Noch heute folgen die Friedrich-Ebert-Anlage und die Stresemannallee den aufgegebenen Zufahrtstrecken zu den früheren Bahnhöfen und an die Lage des gekrümmten Verbindungsgleises zwischen diesen Stationen erinnert die geschwungene Form der Häuserfront gegenüber vom jetzigen Hauptbahnhof.

Eine weitere Lehrstunde in Sachen Frankfurter Hauptbahnhofshistorie beschert uns die Frankfurter Allgemeine Zeitung vom 16. August 2013 in ihrem Sonderbeitrag zum 125-jährigen Jubiläum des Bahnhofs: „Der neue Bau wurde großzügig angelegt, mit 18 Gleisen, die von einem dreischiffigen Hallendach überspannt wurden. Die besten Architekten ihrer Zeit hatten Entwürfe eingereicht, darunter auch Paul Wallot, der den Reichstag bauen sollte. Den Zuschlag erhielt aber Hermann Eggert, der sonst vor allem in Straßburg wirkte. Das Hallendach aus Stahl, damals hochmodern, verantwortete Johann Wilhelm Schwedler. Errichtet wurde das Empfangsgebäude von dem Frankfurter Unternehmen Philipp Holzmann, die Bahnsteighalle kam von der Gutehoffnungshütte aus Sterkrade bei Oberhausen. (...) 1924 wurde der Hauptbahnhof ein einziges Mal erweitert, als an die drei großen Hallen links und rechts je eine weitere Halle angeschlossen wurde, wofür auch neue Seitengebäude errichtet werden mussten. Seitdem führen 24 Gleise in die Halle, ein fünfundzwanzigstes, das Gleis 1a, endet draußen."

Draußen befindet sich auch der bereits erwähnte große Stellwerksturm, der an den Kommandoturm eines U-Boots erinnert, von den Eisenbahnern nur „Fpf" genannt: Frankfurt Personenbahnhof Fahrdienstleiter. In Betrieb genommen wurde es zeitgleich mit der Aufnahme des elektrischen Betriebes im Jahre 1957, 2005 wurde es durch ein ortsfernes elektronisches Stellwerk ersetzt, dessen Mitarbeiter in ihrer Dienstschicht nunmehr keine einzige Lokomotive, keinen einzigen Wagen und keinen einzigen Reisenden mehr sehen. Übergeschnappte Pläne, auch Frankfurt bereits vor „Stuttgart 21" zusätzlich zum vorhandenen S-Bahn-Tunnel auch für den Fernverkehr zu untergraben, sind um die Jahrtausendwende gottlob unterbunden und ad acta gelegt worden. Das Abtauchen – da sind wir wieder beim U-Boot – mit der S-Bahn in den Untergrund ist schon entwürdigend genug, die schwarzen Röhren machen auch Frankfurt am Main gesichtslos, austauschbar und letztlich nicht existent. Die oberirdische Realität anno 1937 ist da schon befreiender und lebensnäher: Überall Menschen, mit mehr oder weniger Gepäck, ihre Mode nach all den Schlaghosen und Miniröcken der Siebziger wieder unaufgeregt und mit gar banalem Schnitt, die Eisenbahneruniformen noch unentschlossen zwischen Tradition und neuem Schick. Und dann natürlich die Züge! Der Stundentakt des Intercitys wird hier zum Minutentakt, immer irgendwo eine 103 oder eine 111, dazwischen immer das Türkis-Beige der Schnellzüge und die ergrauten Silberlinge der Eil- und Nahverkehrszüge. Ständige Lautsprecherdurchsagen, sich durch die Menge bahnende Gepäckkarren, plötzlich eilige Reisende oder ein Kofferkuli im Weg, zuschlagende Türen, Achtungspfiffe, zischende Bremsluft und knallende Hauptschalter. Beim Flanieren über den Querbahnsteig entlang der Prellböcke ein weiteres Potpourri der Baureihen: eine V 60 mit einem einsamen Wagen, dann die 141, daneben zwei 110er, eine mit Bügelfalte, die andere als „Schuhkarton". Ein Steuerwagen, eine 218, ein eckiger „VT 2E" der Königsteiner Kleinbahn, eine V 100. Manchmal sogar Güterzugloks wie die 140 oder gar die 151. Des Weiteren eine 112 und wiederum zwei 103er sowieso. Und natürlich unser 601 von Bodenmais nach Dortmund.

Nur ein Vierteljahrhundert genügte, um das wirklich Allermeiste des hier Geschil-

Reale weihnachtliche Stimmung am markanten Frankfurter Stellwerksturm am 31. Dezember 1982 (linke Seite) und kitschige Leuchtreklame über einer Leig-Einheit am Gepäckbahnsteig am 26. Januar 1982.

Alltag in der altehrwürdigen Frankfurter Immobilie: immer irgendwo eine 103 oder 111 und Gewusel am Bahnsteig (linke Seite, April 1989). Ein Vierteljahrhundert nach der 87er-Zeitreise haben sich Stadtbild und Züge gewandelt. Aufnahme vom 21. Juli 2013. FOTOS: JOACHIM SEYFERTH (7)

derten verschwinden zu lassen: Klar, es gibt noch die inzwischen errötete 111 und ebensolche Silberlinge, sogar die V 60 wackelt mit ihren Stangen noch so manches Mal an den Bahnsteigkanten entlang. Aber sonst ist alles weg, jetzt dominieren weiße ICEs, rote Doppelstockwagen und neue Regionaltriebwagen. Die meisten Gepäckstücke – vom lächerlichen Aktenköfferchen bis hin zu unsagbar hässlichen Hartschalen-Monstern – haben jetzt Rollen und den klapprigen Kofferkuli längst verdrängt, die Gepäckbahnsteige sind verwaist, die Reklametafeln dafür umso zahlreicher und nicht nur elektrisch, sondern wie alle Reisenden auch virtuell vernetzt: Allerorten der genicksteife und der Realität entrückte Blick auf die Glasscheibe in der Hand, die Lautsprecherstimme ein digital zusammengesetztes Puzzle menschlicher Wortbausteine. Und draußen im Gleisvorfeld natürlich längst kein einfahrender 601 mehr, sondern allerorten rotweiße Züge im Mastgewirr, über den fünf Hallenschiffen jetzt eine dichte Wolkenkratzer-Armada, noch immer von hohen Baukränen für weitere Türme des Mammons umstellt.

Aber all dies kann dieser großen und letztlich doch altehrwürdigen Immobilie nichts anhaben, die jüngste Sanierung insbesondere der Hallendächer hat ihr sogar neue Lichtblicke beschert. Und wo solch ein riesiger Bahnhof ist, ist abschließend selbst die immerwährende Kunst nicht fern, allein schon in Gestalt seiner Architektur, seiner unendlichen fotografischen Ansichten, seiner Buchhandlungen oder der temporär stattfindenden Ausstellungen in seinen Hallen. Schriftsteller haben über ihn geschrieben, Maler und Grafiker haben ihn porträtiert und der Historiker Franz Lerner ließ sich im Jahre 1955 zu folgenden Sätzen hinreißen: „Er ist nicht nur groß, sondern auch großartig, er ist nicht nur schön, er ist voll Würde. Über Nacht wird man vielleicht sogar entdecken, daß er eine von Frankfurts weltbekannten, schönsten und eindrucksvollsten Sehenswürdigkeiten ist, eines seiner Siegel, ein Unterpfand auf jene guten alten Zeiten, ein Tor in die Welt und ins Neue hinein."

***Joachim Seyferth***

# IMPRESSUM

Bahn KLASSIK

Sonderausgabe Bahn-KLASSIK
BUNDESBAHN-SEHNSUCHTSORTE
13 Zeitreisen zwischen
den 1950er und 1980er Jahren
Bahn-KLASSIK erscheint in der
Verlagsgruppe Bahn GmbH

**Chefredakteur**
Gerhard Zimmermann
**Autoren dieser Ausgabe**
Joachim Seyferth, Konrad Koschinski,
Axel Johanßen, Tilmann Wittig
**Gestaltung dieser Ausgabe**
Gerhard Zimmermann
**Produktion/Preprint**
Sabine Novotny
**Redaktionssekretariat**
Julia Heller (0 81 41/534 81 202)

Bahn-KLASSIK 1/2017
ISBN 978-3-89610-690-2

---

**Verlagsgruppe Bahn GmbH**

VGB

Am Fohlenhof 9a, 82256 Fürstenfeldbruck
Tel. 0 81 41/5 34 81-0 • Fax 0 81 41/5 34 81-100
**Geschäftsführung**
Manfred Braun, Ernst Rebelein, Horst Wehner
**Verlagsleitung**
Thomas Hilge
**Anzeigenleitung**
Bettina Wilgermein (Durchwahl-153)
**Anzeigensatz und Anzeigenlayout**
Evelyn Freimann (-152), Regina Doll
**Vertriebsleitung**
Elisabeth Menhofer (-101)
**Vertrieb und Auftragsannahme**
Petra Schwarzendorfer (-107), Ingrid Haider (-108),
Angelika Höfer (-104)
**Marketing**
Thomas Schaller (-141),
Karlheinz Werner (-142)
**Außendienst, Messen**
Christoph Kirchner, Ulrich Paul
**Vertrieb Pressegrosso und Bahnhofsbuchhandel**
MZV GmbH & Co. KG,
Ohmstraße 1, 85716 Unterschleißheim,
Postfach 1232, 85702 Unterschleißheim,
Tel. 089/3 19 06-0, Fax 089/3 19 06-113
**Druck**
Creo-Druck, Bamberg